恒洋 著

出手

高手出手就是定局

民主与建设出版社
·北京·

序言

为什么我给这本书起名叫《出手：高手出手就是定局》呢？
我理解的出手的意思是迅速、果断、高效。

我们经常会听到有人说，在这个世界上有很多的机会，你要努力把握住每一次机会。但是我想说，在我的世界，至少是我的成长经历告诉我，其实机会很少，如果你第一次没有把握住，可能第二次就失去机会了。

所以对于出手，我的理解是什么？就是一个人，他在做一件事情的时候，第一反应、第一个决策、第一思维、第一逻辑是什么？这非常重要。

在我们奋斗和创业的过程中，其实很少有沉下心来深度思考的时间，那么遇到事情的时候考验我们的是什么？就是我们对于一件事情的认知高低，如果我们对于一件事情的认知高，我们出手就会很高效，就会很准确，就会达到效果。你要知道，这个世界上有时候连人际交往都很难获得第二次机会。

出手代表着什么？

出手就代表着你的水平，代表着你的品位，代表着你在自己的世界当中处在什么样的段位。所以"出手"这个词我非常喜欢，它代表着一个人在所有人面前和在自己私人的空间中，到底处在什么水平。所以我希望这本书能够帮助大家提升所有人的出手能力。

在商业江湖这个比武的棋盘上面，我认为以下几个方面需要具备出手的能力：

1. 果断决策需要出手的能力。商场如战场，敢于出手，快速决策，在竞争激烈的市场当中就能抢到先机。

2. 把握机遇需要出手的能力。在商业的江湖当中，机会稍纵即逝，出手能力强的商人在第一时间就能捕捉到商机，趋利避害。

3. 应变需要出手的能力。面对市场风云的变幻，能够灵活地应对，随机出手是商家生存和发展的关键。

4. 信誉和口碑需要出手的能力。懂得适时出手援助，建立良好的人脉和信誉是在商界的立足之本。

5. 资源整合需要出手的能力。在商业江湖中运筹帷幄，要善于出手整合资源，能够在复杂的商业环境中取得优势。

6. 谋略深远需要出手的能力。出手不光要反应快，还要有远见，不只是为一时的利益，还要考虑长远的发展和品牌的建设。

所以在商海当中，出手代表的不仅仅是金钱的投入，更代表了策略、智慧和气魄的较量。所以，每一次交易、每一次合作，还有每一次竞争都是商业江湖中的一场较量，精准的出手才是取胜的关键。

那么对于个人，出手能力就是指他在采取行动的时候，反映出来的第一能力，这在许多方面都非常重要。我总结出这几个方面需要出手的能力：

1. 解决问题需要出手的能力。在面对挑战和问题的时候，能够及时行动的人通常都能够找到答案。

2. 抓住机会需要出手的能力。在生活和工作中迅速地采取行动能够抓住瞬息万变的机会。

3. 体现领导力需要出手的能力。领导者果断地出手体现了决断力，更能够去激励和引导其他人。

4. 自我提升需要出手的能力。在个人发展方面积极的行动是实现目标的关键步骤。

5. 维护社交关系需要出手的能力。在社交场合适时的行动可以帮助人建立和维护长期的人际关系。

6. 创新更需要出手的能力。在创新的过程当中实施新的想法是验证和发展这些想法的必要步骤，也是出手的能力。

其实出手的能力不仅仅是行动本身，还包括了行动的时机、方式以及效果。这种能力需要与其他的技能、判断力、知识和经验相结合才能够达到最佳的效果。所以这本书就是要帮助读者增强出手的能力。

感谢您的阅读，希望您有所收获！

恒洋

2023 年 11 月 10 日

目录

人生战略：人生需要有个好战略

人生需要有个好战略 _003

人生若有一败 _009

低谷也是人生转机 _015

成大事靠的是胆量和行动 _020

"假装"有能量，做事更高效 _025

面对人生中的"三大坑" _031

对认知敢于破局，善于布局 _037

活着就要上C位 _043

社交驱动：建立自己的人际"谷仓"

多做"没用"的事，你会越来越有用 _053

智商决定起点，情商决定高度 _058

对待"垃圾人"，点头不深交 _065

真正的精明是学会合作 _070

合作的前提——开放 _076

交往的前提：信任、喜悦、希望 _083

人际关系中的"石头剪刀布" _089

把敌人搞得少少的，把朋友搞得多多的 _093

如何触达更高人脉圈层 _099

建立自己的人际"谷仓" _104

突破困局：做不断进化的人

做进化人，而不是固化人 _115

跳离固定型思维 _120

超龄、在龄与废龄 _126

放下内心的固执，战胜恐惧 _131

用状态、故事和策略实现自我突破 _137

主动成长与被动成长 _142

不节省时间，是对时间最有效的利用 _147

你可以穷，但不能贫 _152

财富密码：获得财富的底层思维

真正的财富是信用 _163

普通人如何获得财富思维 _168

能做难的事，收入才会高 _175

让能力增效，让财富增倍 _180

财富是积累资源，而非消耗资源 _184

财富积累的七大障碍 _189

财不入急门，让自己慢慢变富 _196

超经典的10个赚钱思维 _202

避免财富陷阱 _210

修炼领导力：一群人一起成事

4项关键技能修炼你的领导力 _221

12个方法助力你成为优秀领导者 _228

领导者如何让自己的时间更值钱 _236

创业要低起步，高抬头 _241

把副业变成自己未来的事业 _246

慢下来，与团队保持同频 _252

如何搞定领导 _257

创业者的两个致命领导力陷阱 _261

企业领导者如何提升气场 _266

领导者如何修炼掌控力 _272

Part 1

人生战略

人生需要有个好战略

真正的战略是单选题，懂得取舍最重要。

人生需要有个好战略

人生需不需要战略?

国家有发展战略,企业有发展战略,人生当然也需要战略。指南针的伟大,在于能在地理上为我们指明正确的方向,而人生道路该怎么走、走到哪里去,同样也需要有指引方向的"指南针"。

这个指南针就是人生战略。

简单来说,人生战略就是拿捏坚定不移和随机应变的尺度,然后基于全局考量,制定一个对自己长期有用的规划。这也是一种对自己的人生方向、成功路径的洞察与把握。

我经常听到很多人跟我说自己要制定一个战略,如果我问他们:"那你制定的战略是什么?"他们会告诉我两个字:"挣钱。"这确实算是一种人生战略,但我再问他们:"你打算怎么去挣钱呢?"他们却回答不出来了。原因就是他们对自己没有正确的认知,缺乏明确的人生方向,即使再努力,也不一定能拿到自己想要的结果。

企业的发展需要战略,战略就是企业的指南针。但企业在制定战略时,一般不会停留在表面。比如可口可乐,你认为它只生产碳酸饮料吗?它其实是一家做品牌的公司。你以为肯德基、麦当劳只做快餐吗?它们其实都是做房地产的公司。你以为星巴克只是咖啡品牌吗?它其实是一家做空间的公司。你以为苹果公司只卖手机吗?它其实是一家兜售体验的公司。

人生战略也是如此。你需要先对自己有清晰的、深层次的认知,比如清楚自己的优缺点,知道自己身处哪个圈子之中,身边有哪些可利用的资源,等等。简单来说,只有当你在身体之外、精神之上和生活之内的各个层面上都获得较深的认知之后,再去制定自己的人生战略,才能让战略更具体、更清晰,也才更有实现战略目标的可能。具体来说,你可以按照下面的步骤进行。

第一步,做好选择。

很多企业在制定战略时,会将运营与战略混为一谈。比如,一些企业把超越别人、比别人做得更好作为自己的首要目标,这其实是运营。战略是寻找和选择自己与别人的不同点,并加以深耕,将这个点放大,使其成为自己最大的优势,在市场竞争中立于不败之地。就像《定位》一书中提到的那样,企业战略的核心点就是三个字——"差异化"。

人生战略也是如此。你要做的第一步是选择一件你必须要做的事,或者是一个你必须遵循的原则,然后去深耕它,让它成为你最大的优势。

有人可能会说:"我也在做选择啊,而且我给自己的人生做了很多选择，怎么就不成功呢？"我要告诉你的是，**真正的战略是单选题，懂得取舍最重要**。把你想做的事、想实现的目标都详细地列出来，然后进行对比、删减，最后留下的那个就是最重要的，也就是你最应该坚持的战略目标，并且这个战略目标是你在未来三五年，甚至十年之内都会坚持的。

第二步，寻找支点。

关于支点，我举个例子来说明。

假如我想让自己的身体越来越健康，应该做些什么呢？方法有很多，比如坚持锻炼、饮食健康、充足睡眠等。但是，最轻松的一条路径，就是找个非常厉害的医生。这个医生就是你的健康支点。

我有一位朋友，曾患有比较严重的皮肤病，为此他四处求医问药，却一直不见好。有一天，我们的另一个朋友给他介绍了一位医生，医生详细询问了他的日常生活情况及服用的药物，最后又问了一句："你家里是不是养植物？"朋友说："对啊，我很喜欢养一些花花草草的，看着心情舒爽。"医生说："我建议你现在停掉所有的药物，同时要做一件事，就是把家中所有的植物暂时'请出去'，或者先放在另外的房间里，不要跟你直接接触。"朋友照做了。

几天后，朋友惊喜地发现，皮肤瘙痒的症状减轻了不说，原来皮肤上起的斑斑点点也开始减少。又过了些天，不但他皮肤上的问题不见了，连身体都感觉比以前舒适、轻松了。

这个医生没有给朋友开任何药物，而是帮他找出了身边的过敏原，让他获得了健康。这就是支点的重要价值。

第三步，匹配资源。

如果你确定了核心的战略方向，也找到了实现战略的支点，接下来最重要的一件事就是寻找与你的战略实现相匹配的资源，让这些资源可以在支点之上支撑起你的战略。

我见过很多失败的案例，在分析他们失败的教训后，我发现，其中一个重要原因就是不懂得利用可匹配的资源。

一个创业者，不能先看什么市场最具潜力，而是看自己手里的资源能支撑自己做什么事；一个销售员，不能死盯着那些八竿子打不着的高端客户，而是从身边的人入手，服务好他们，再由他们介绍更多客户；一个大学毕业生，找工作时不是到市场上乱投简历，而是以身边的关系为切入口，了解企业的一些情况，运气好的话还可以获得推荐。

你看，能充分利用好身边资源的人，才能当好自己人生的操盘手。

我特别喜欢"互联网教父"凯文·凯利说过的一句话："培养12个爱你的人，他们比1200万个喜欢你的人更有价值。"**战略就是对身边的人进行有效布局**。比如，你希望获得健康，就多交往几个关注健康的朋友；你希望获取财富，就维系几个事业非常成功的人；你希望获得亲情，身边就要有一些非常有爱的人；你希望获得喜悦，就要有几个兴趣相投的朋友。

遗憾的是，大多数人依然没有认真对待选择、做好战略，而是稀里糊涂地做决策，稀里糊涂地过人生。他们可能会因为某次运气好，获得短期的成功，但从长远来看，只有做好自己的人生战略规划，才能提升成功的概率，为自己的人生创造出更多的可能性。

人生需要有个好战略
制定出一个对自己人生发展长期有用的规划

目标　　认知

创业　**战略**　努力

财富　　追求

匹配资源　　寻找支点

做好选择	选择 → 深耕 → 优势 → 差异化 寻找和选择自己与别人的不同点，并加以深耕，将这个点放大使其成为自己最大的优势。
寻找支点	需要找到与战略实现相匹配的资源，让这些资源可以在支点之上支撑起自己的战略。 
匹配资源	需要利用好身边的资源，"培养 12 个爱你的人，他们比 1200 万个喜欢你的人更有价值"。

真正的战略是单选题，懂得取舍最重要。
战略就是对自己身边的人进行有效布局。

人生若有一败

遭遇困境和失败时，换个角度看，你或许就是人生赢家。

对有些人来说，失败意味着结束，但对另一些人来说，失败可能恰恰意味着开始。

有一位上市公司的董事长朋友跟我说过这样一句话："人生必有一败。"我一开始不理解，直到他给我讲了他的创业故事后，我才真正领会这句话的深意。他也经常将这句话挂在嘴边，哪怕是公司上市、股票飞涨，大家开庆功宴时，他也会跟员工们这样说。这已经成了他的一种态度，他也随时抱着等待失败、迎接失败的心态，当然也做好了面对失败的准备。

这让我想起了一个词：越挫越勇。我们身边有很多这样的人，他们在自己的事业当中，不是被成功成就的，不是被财富成就的，而是被失败成就的。在遭遇各种失败的经历中，他们获得了宝贵的经验，也练就了良好的心态。有人说成功的起点是通过财富积累起来的，我不这么认为，我认为成功的起点是失败积累起来的。

遭遇的失败越多，获得的经验越多，解决问题的能力越强，离成功也就越近。

如果你留意一下，就会发现身边有这样一些人，他们处理任何事情都能找到最好的条件、最佳的路径和最优的方法，原因就在于他们经历的失败足够多，心态练就得足够好，解决问题的方法和经验也足够丰富，所以处理起问题才会游刃有余。就像那句话说的：**只有非常努力，才能看起来毫不费力。**

我有一位好朋友，他在创业过程中非常艰难。有一段时间，他公司的账上没钱了，不但给员工发不出工资，连供货商的货款都没钱给了。你知道他是怎么处理的吗？

他晚上很开心地约我们几个朋友一起吃饭，跟大家聊聊第二天将如何面对公司的员工和外面的供货商。后来他发现，当他站到问题之外去思考问题时，反而看得更加透彻，这种心态就是：**这只是一种经历，并非失败。**只要调整好心态，就能应对。

第二天，他调整好自己的状态，在员工面前做了一次激情四射的演讲，演讲的主题叫"一起过关"。演讲结束后，员工们纷纷表示自己支持老板的任何决定，愿意跟老板一起渡过难关。

这件事表明，当一个人的心态发生转变后，即使面对困境、面对失败，也不会被打败。

关于失败，还有一个人的故事对我影响颇深，这个人名叫维克多·尼德霍夫。他曾经是全球头号对冲基金经理、华尔街传奇操盘手，连金融大鳄索罗斯都对他极为看重。但是，吸引我更深入地了解他的原因，却是他的失败。

从学生时代起，尼德霍夫就是一位高智商的天才，妥妥的经济学学霸。后来他下海经商，开了一家投资公司，做对冲基金。

这一下不得了，尼德霍夫终于发现了自己的特长。从1980年到1996年，他所管理的基金年复合回报率高达35%，这个回报率的意思差不多就是两年翻一番，在他管理的十六年里就翻了8番。因此，在1996年，他被评为"全球头号对冲基金经理"，其间靓丽的业绩也引起了索罗斯的注意。索罗斯对尼德霍夫的交易方法极为推崇，还把自己的儿子送到尼德霍夫身边学习。

但是，尼德霍夫却不满足于自己的成就。1997年，正在事业蒸蒸日上之际，尼德霍夫返还了自己所管理的客户资产，投身于自己并不熟悉的海外股市。很不幸，这次他损失了5000万美金。

尼德霍夫不愿接受失败，随后变本加厉地尝试高风险、高收益的操作，虽然其间收回了一些本金，但全年的整体收益还是下跌了不少。之后，在极度想要快速提高收益的心态下，尼德霍夫又在东南亚做了一笔投资，没想到遭遇了东南亚金融危机，尼德霍夫的投资血本无归，从此他也没能东山再起。

尼德霍夫的故事让我们看到，不论曾经多么成功、多么富有的人，一生中都免不了要经历几次失败，甚至最后一败涂地。连这样的人都不能免于失败，还有谁能一生不言败呢？

所以，我们也要学会接受自己人生中的失败，不要认为失败永远不会降临到自己身上。在这里，我有几点启发跟大家分享：

第一，对市场要有更多的敬畏之心。

查理·芒格说过一句话："我如果知道我将来会死在哪里，

我一定不会去那里。"它的意思是说，我们应该先弄清不能做什么事情，然后再考虑接下来要采取的行动。尼德霍夫是一个天才失败者，其实他什么都懂，也清楚地知道做哪些事情可能会失败，可他仍然去冒险，最终没能躲开失败的命运。这就是缺乏敬畏之心的结果。

第二，人生中经历失败几乎是必然的，因为抱负总是跑在能力之前。

管理心理学中有一个"彼得法则"效应，意思是说，在一个等级制度中，每个员工趋向于上升到他所不能胜任的地位。在各种组织中，有能力的员工往往会因为充分胜任现在的职位而被拔擢出任新的职位；之后，又因为胜任新职，再次获得晋升……因此，每个人最终都将由可胜任的职位晋升到无法胜任的职位上。所以，"彼得法则"也称为"向上爬"原理。

这种现象在现实中无处不在，很多人也因此遭遇了失败，甚至失去生命。人生的通道总是把自己推倒，拉到力所不能及之处，如果能够冷静下来，将自己的抱负降低，与实力看齐，也许就不会遭遇太多失败。但是，人总要进步、总要尝试，也总想做"第一个吃螃蟹的人"，在这些认知的影响下，失败也几乎无可避免。

第三，如果遭遇失败，那就学会与自己的失败和解。

尼德霍夫的失败是因为他一生都在做投机生意，但实际上，我们每个人要做生意、做企业，想要成功、想要逆袭，何尝不是一种投机呢？既然是投机，那就必然会有一败。如果我们去研究一下那些优秀的，甚至是顶尖的世界级企业家，就会发现，他们成功的路上遍布失败的痕迹。但是，这些失败凑在一起，反而成就了他们的成功。

每个人都应该做好迎接失败的心理准备，同时要相信自己有成功的可能性。在这个世界上，除了死亡，一切都是擦伤。只要生命还在，即使遭遇多次失败，也一样会有东山再起的机会。

人生若有一败
遭遇困境和失败时,换个角度,你就是人生赢家

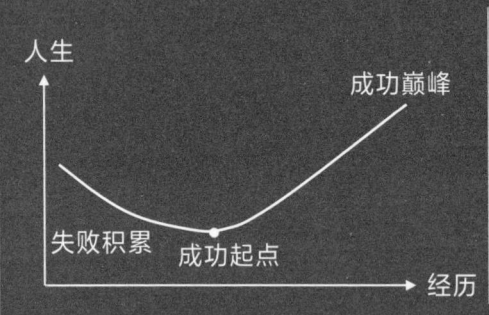

只有非常努力,才能看起来毫不费力。
遭遇的失败越多,获得的经验越多,解决问题的能力越强,离成功也就越近。

启发

心态转变　　面对困境　　面对失败　　成功之路

第一,对市场要有更多的敬畏之心。
查理·芒格曾说过一句话:"我如果知道我将来会死在哪里,我一定不会去那里。"它的意思是说,我们应该先弄清不能做什么事情,然后再考虑接下来要采取的行动。

第二,人生中经历失败几乎是必然的,因为抱负总是跑在能力之前。
在各种组织中,有能力的员工往往会因为充分胜任现在的职位而被拔擢出任新的职位;之后,又因为胜任新职,再次获得晋升……每个人最终都将由可胜任的职位晋升到无法胜任的职位上。

第三,如果遭遇失败,那就学会与自己的失败和解。
每个人都应该做好迎接失败的心理准备,同时要相信自己有成功的可能性。在这个世界上,除了死亡,一切都是擦伤。只要生命还在,即使遭遇多次失败,也一样会有东山再起的机会。

低谷也是人生转机

为什么有些人明明很有才华、很有能力,却混得并不好?

为什么有些人能力平凡,却可以在自己的领域里混得风生水起?

这些现象说明,决定一个人成功的,不仅仅是能力、智力等。

一个人能否成就一番事业,决定性因素不是智商、不是情商,而是逆商(面对挫折和困境的能力)。看一个人未来能不能成就一番事业,不是看他多聪明、多机灵,甚至不看他多专业,而是看他的逆商是否足够强,是否足够抗造。

乔布斯最伤心的往事之一,莫过于被自己亲手创立的苹果公司扫地出门,那段时间也称得上是他人生的至暗时刻。但是,他并没有因此而气馁,而是很快振作起来,重新开始,创立了一个名为 NeXT 的公司,并再次获得成功。后来经过一系列操作,苹果公司收购了 NeXT,乔布斯重新回到苹果公司掌舵。

乔布斯的逆商是不是足够强大?失败对他来说只是人生的一

种经历，甚至是一次学习的机会，失败之后可以再次崛起。这样的人，能不成功吗？

逆商对于一个人的成事、成功来说，都是不可替代的。提高自己的逆商，我们才能更好地应对生活中的挑战与压力，更好地解决问题和处理各种人际关系。

提高逆商的方法有很多，我在这里给大家总结几个：

第一，积极增强自我意识，了解自己的情绪和情感反应。

我问大家一个问题：当别人对你有看法，甚至是不好的看法时，你认为这种看法是别人给你的，还是自己给自己的？

很多人认为，别人对自己有看法，那肯定是别人给自己的。但我要告诉你，别人的看法对你来说只不过是一种思想的投射。因为这个世界上大部分人跟你没有关系，对你也不会有什么看法。就像很多明星，即使很有名气、有很多粉丝，一旦出了不好的事情，对于大部分人来说也都是无所谓的，因为他们跟自己没什么直接关系。但是你却认为这些看法是这个世界给你的，是别人给你的。

这就提醒我们，不要过分在意别人的看法，而要提高自我意识和自我认知，清楚地知道自己是什么样的人、会做什么样的事。至于别人的评说，随他去就好了。

第二，面对挫折时，尝试保持积极乐观的心态，把问题视为挑战和成长的机会。

大家都知道《哈利·波特》这部电影，很多人应该还看过这套书，但了解它的作者J.K.罗琳的经历的人并不多。

在创作《哈利·波特》这个系列故事之前，J.K.罗琳正遭遇离婚、失业、负债、独自抚养孩子等打击，甚至一度靠政府补助维持生活。但她并没有屈服于这些困难，而是一直保持积极的心态，把这些困境当成自己扭转命运的机会，最终完成了《哈利·波特》系列作品，创造了巨大的成就，当然也获得了不菲的报酬。

与J.K.罗琳同样值得我们学习的，还有美国脱口秀主持人奥普拉·温弗瑞。在成名之前，她的经济状况一度非常困难，并且遭受了严重的种族歧视，但她同样运用自己的逆商，在事业上取得了巨大的成功。奥普拉曾说："**一定要相信，你的生活是你自己创造的。**"这句话，我希望大家都能记住。

困难和挫折从来不只有负面效应，对于逆商强的人来说，这恰恰是他们扭转命运的机会。他们善于用积极的心态去面对这些困难和挫折，并将其变成动力，甚至变成绝处逢生的契机、变成人生新的起点。

第三，站在他人角度思考问题，用同理心应对他人的情绪反应。

美国心理学家丹尼尔·戈尔曼提出，同理心是支撑逆商的一个非常重要的原点。

为什么这么说？因为拥有了同理心，你就多了一个自我意识的出发点，你就能理解其他人的需求和情感，也就能进行更深层次的思考。当你能对问题进行深层次思考时，你的格局就会自然而然地变大。一个格局小的人，只能看到眼前的一点利益；而格局大的人，则可以看到更远、更广的前景。

如今已经不是一个仅拼智商和情商的时代了,更多时候大家都在拼逆商。失败了,就总结经验和教训。我想起了埃隆·马斯克说的一句话:"**所谓创业,就是一边咀嚼玻璃,一边凝视深渊。**"虽然不是每个人都走创业这条路,但走好人生之路,同样需要具有高逆商,帮助自己走过一道道低谷。

当困难和挫折来临时,逃避是没用的,而是要勇敢去面对,被打趴下也没关系。只要有一口气,一切就有转机,关键在于你能否抓住机会,采用有效的方法去应对。只有这样,才能找到生命的转机。

低谷也是人生转机

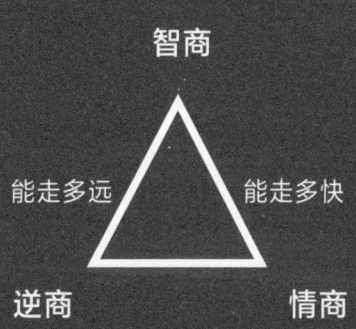

三步提升逆商

第一,积极增强自我意识,了解自己的情绪和情感反应。
不要过分在意别人的看法,而要提高自我意识和自我认知,清楚地知道自己是什么样的人、会做什么样的事。

第二,面对挫折时,尝试保持积极乐观的心态,把问题视为挑战和成长的机会。
困难和挫折从来不只有负面效应,对于逆商强大的人来说,这恰恰是他们扭转命运的机会。

第三,站在他人角度思考问题,用同理心应对他人的情绪反应。
当一个人能对问题进行深层次思考时,他的格局就会自然而然地变大。一个格局小的人,只能看到眼前的一点利益;而格局大的人,却可以看到更远、更广的前景。

一定要相信,你的生活是你自己创造的。
所谓创业,就是一边咀嚼玻璃,一边凝视深渊。

成大事靠的是胆量和行动

机会永远属于有胆量的人,"敢"往往比"会"更重要。不要去管自己会不会,先去干了再说。

在现在这样一个高速运转的社会当中,一旦你适应了社会发展的速度,就会进入一个爆炸式发展的进程之中。在这个过程中,可能很多人会劝你多学习、多涉猎。人都是有新鲜感的,遇到新鲜的知识,想学习似乎天经地义。但你有没有认真想过,这样的学习对自己到底有没有用?

我不太赞同毫无目的地学习。学习当然没错,但正确的、真正收获结果的学习,应该是学习、行动、坚持三步走。为什么有的人只能做几万元的生意,而有的人却能做百万元、千万元甚至上亿元的生意?一个重要的原因就在于,有的人不论再怎么学习,再怎么努力,也无法跨越几万元的台阶。即使你想要跨越这个台阶,也不是通过学习就可以达到目的。

你要明白一件事,人生的成长和发展并不依赖于学习,也不依赖于每天所接受的知识、观点、思想等。人的大脑是一个储存器,总会间断地向里面存入各种东西,但能真正帮助你获得成长和财富的却是另一样东西:胆量。

为什么胆量会有这么大的作用呢?一个最简单的原因就在于,你的胆量变大了,格局就变大了。过去你的胆量小,什么都不敢尝试、不敢行动,也不敢想自己能干什么大事;胆量变大后,你的能力、人脉、知识等不一定比以前进步很大,但你面对的人和事物却发生了改变。在这种情况下,你也更容易做出超越以前想象的事情。这也说明你原本是有能力做大事的,现在做成也不是潜能的体现,而是本能的体现。这种本能就是你的能力,只是过去你的胆子小,不敢发挥这种本能而已。

所以,我们不应给自己设置太多的条条框框,也不要动不动就说"我不行""我不会""我做不到""我搞不定"。如果一个人学富五车、满腹经纶,但就是胆小,不敢行动,干什么都畏首畏尾,那是干不成任何大事的。机会永远属于胆大的人,"敢"比"会"更重要。先有胆量去行动,你的潜能才会被激发出来。

当然,胆量大是做大事的前提,你还要有具体的行动才行。

首先,多创造机会,接触有胆量的人。让胆量变大,是突破圈层、实现跃迁最有效的途径之一。有胆量的人通常敢定大目标,敢承担大责任,敢交大人物,敢干大事情,并且做事有目标,行动力超强,情绪也足够稳定,有实操精神和抗打击能力。跟着这样的人一起做事,干什么事干不成?

大部分人在追求自我加持、自我成长,我认为这没什么用。

想要做成大事，获取财富，不要试图通过学习来实现，也不要一味地去学习，去追求所谓的干货、模型、方法等，这些反而可能把你变弱，因为它们会阻止你开发自己的胆量。有这个精力，不如多创造一些机会，多去结识一些有胆量的人。

在做事的过程中，真正决定成败的往往是你如何找到能给自己带来帮助、让自己少走弯路的贵人。简而言之，要做大事，**我们首先要解决人的问题，而不是事的问题**。学习应该是你最后努力的选择，你的第一努力选择应该是人际。尤其当你学了很多东西仍然感觉毫无用处时，更应该努力去寻找有胆量、能帮助自己的人。这一点我希望你能明白。

胆小的人跟胆小的人一起做事，或者没胆量的人跟没胆量的人一起做事，很容易陷入死循环；相反，胆大的人跟胆大的人一起做事，就可以无限重复活循环，因为他们可以有更大的格局、更大的发挥空间，所以也容易获得更多的机会。如果你自己比较胆小，有一个有胆量的人带着你一起做事，那么你的胆量也能得到锻炼和提升。你们一起做事，也能让事情朝着更好的方向发展。

会做事的人，成功是暂时的；会做人的人，不成功才是暂时的。会做事的人，走的是一条艰难的路；会做人的人，走的是一条越来越简单、越来越顺畅的路，因为帮你的人会越来越多。

其次，胆量不是鲁莽，要将两者区分开来。

有人可能会提出异议："做事时胆量太大，是不是就变成了鲁莽？"

我要告诉你的是，鲁莽是冲动、无知、缺少智慧，不考虑后果；而胆量是建立在有智慧的基础之上的。曾国藩有句话说得特别好："欲成大事，'明强'为本。"其中，"明"是智慧，"强"是勇气。要成大事，既要有智慧，还要有勇气。而"强"一定要在"明"的后面，才能成事。简而言之，**鲁莽是基于无知去做事，胆大则是基于有知去做事**。这是二者的本质区别。认识到这一点，你在做事时才能真正做到有勇有谋，不会鲁莽行事。

最后，要坚持行动，相信重复的力量。

在这个世界上，很多道理都特别简单，很多机会也特别明显，但很多人却抓不住，总认为自己要把事情干大，就必须先学到有用的知识才行。

其实不然。学再多的理论知识，拥有超高的智慧，如果不敢去行动和实践，那么一切都是白搭。所以，就算你要学习，也一定要以实际行动为目的，并且坚持行动，相信重复的力量。重复是这个世界上真正有用的东西，重复的行为也是特别有意义的。**学习只会增加你的知识量，坚持行动，才能让你把学到的知识变成事业、变成财富。**

在很多时候，你认为对的东西，反而是阻碍你的东西。如果你现在的结果有问题，或者你现在过的不是自己想过的生活，那很可能是因为你认为正确的东西恰恰是错误的，你认为有价值的东西恰恰是没有价值的，你认为能帮助你的恰恰是没有帮助的。

机会永远是留给有胆量的人的，你有胆量，每天都可以抓住机会，每天都走在成事的路上。

成大事靠的是胆量和行动
机会永远属于有胆量的人,先去干了再说

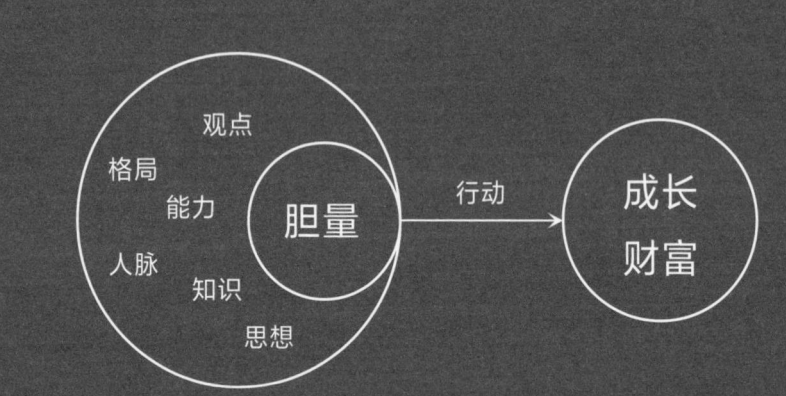

胆量大是做大事的前提,还要有具体的行动才行。

首先,多创造机会,接触有胆量的人。
让胆量变大,是突破圈层、实现跃迁最有效的途径之一。我们首先要解决人的问题,而不是事的问题。会做事的人,成功是暂时的;会做人的人,不成功才是暂时的。

其次,胆量不是鲁莽,要将两者区分开来。
要成大事,既要有智慧,还要有勇气。而"强"一定要在"明"的后面,才能成事。简而言之,鲁莽是基于无知去做事,胆大则是基于有知去做事。

最后,要坚持行动,相信重复的力量。
学习只会增加你的知识量,坚持行动,才能让你把学到的知识变成事业、变成财富。

"假装"有能量,做事更高效

为什么有的人整天都能量满满,活力四射,而有的人却总是无精打采,萎靡不振?

如果你属于后者,很不幸,这可能会导致你和其他人的日子虽然都是一样过,但你们之间的差距却越拉越大。

很多人都有过这样的感受:在做完一件比较难的事情时,会觉得身体和大脑都很无力、很疲倦。这时如果能泡个热水澡,或者睡一会儿,马上就浑身舒坦,身上有了力气,精神也比之前好了。

为什么会这样?因为你的身体和大脑又拥有了能量。

能量是一种看不见、摸不着的东西,平时或许感受不到它的存在,但当身体和大脑缺乏能量时,我们就会感觉很不舒服;而一旦恢复了能量,或者能量获得了提升,我们立刻又可以满血复活。这时,再去做事也会充满活力,不知疲倦,越干越有劲。

能量对人的影响是持久而深厚的,它包含你的热爱、梦想、价值观、人生使命等,是人的底层能量。 很多时候,如果你身体的能量不够，本来能做到八分的事情，你可能只做到四五分，并且如果经常处于这种状态之中，以后不管你做什么，别人都不愿意跟你合作。

我过去是个很高冷的人，有时朋友邀请我去参加什么聚会、婚礼或者生日宴会等，我都是一副冷冷的面孔，甚至觉得他们的表现很虚假，所以对他们的行为也很不屑。后来我发现，大家再有什么活动都不愿意叫我了，这时我才意识到，很可能是我的状态和看起来比较负面的能量影响了大家。

从那以后，我开始改变自己的状态，每次参加聚会时，我不但会发自内心地给对方祝福，还会陪着对方一起开心，把自己内心的能量表现出来。即使心中有别的不愉快的事情，身体只有三分能量了，也要尽量表现出五分。这时我发现，当我表现出好的状态时，我的身体反而感觉更有能量了。

这也让我意识到一件事：**想要获得能量，让自己恢复到好的状态，就要学会使用自己的身体。身体获得能量后，大脑的能量才会强大**。但很多人经常把这个逻辑搞反，每天努力地逼着自己的大脑飞速运转、飞速成长，却没有好好考量自己的身体该如何使用。

明白了这个道理，当我们再面对一些事情，或者感觉自己不开心、能量不足时，就可以调整一下身体状态，调动一下自己的能量。只要身体的能量提升了，大脑、情绪也会随之变得越来越好。

有些人可能觉得：我就是很含蓄、很羞涩，我不愿意把情绪表现得那么明显。或者觉得自己应该靠气质和内涵吸引别人，自己读过很多书，学习大量的知识，这些才是真正能吸引别人的东西。

我要告诉你的是：你这样真的很难吸引别人的关注，并且还可能导致严重的内耗。因为你希望别人了解你、懂你、在乎你、考虑你的感受，而事实上，你的这些内心戏别人是根本感受不到的，别人也无意花时间去深入地了解你的学识，感受你的情绪变化。

你自己表现出好的能量，才能吸引更多有能量的人，即使有时你是假装的，也要表现出来。美国思想家爱默生说过一句话："生动地把自己想象成失败者，这就使你不能取胜；而生动地把自己想象成成功者，将带来无法估量的成功。"同样的道理，想象自己很有能量、状态很好，也会调动我们体内全部的潜力，最终"让理想照进现实"。这样，你身边那些厉害的人、有能量的人才会被你吸引，与你建立关系，甚至成为你的合作伙伴。

这一点不难理解，换位思考一下，你会喜欢那些对任何事都表现得很冷漠的人吗？你会愿意跟那些看起来很弱、缺乏能量的人合作吗？每个人都有慕强心理，这是人的本性。有能量、有气场的人，才会吸引同样类型的人，也因此为自己带来更多的好机会。

既然能量这么重要，那我们怎样才能让自己获得能量呢？

有人认为，能量应该来自知识的储备；也有人认为，能量是来自舒适的生活。事实上，这些都属于外在的东西，真正能够提高你能量的应该是你自己的精神状态。如果你过去只追求知识系统的增长、生活的安逸，却从来没有让自己的精神获得增长和升级，那么你的能量就很难一直处于饱满状态。

我以前曾经在北京的雅宝路做贸易工作，经常要出去接触客户，那时我发现，每次只要我收回货款，口袋里有钱时，我的腰板就会挺得特别直，也特别有自信。在这种状态下，我谈生意都会特别顺利。后来，只要是比较重要的生意，我为了调整自己的状态，都会在包里放一些现金，为的就是给自己提升能量，让自己能以自信、饱满的状态跟客户沟通。

心理学上有个吸引力法则，意思是说，只要我们的思想集中在某一个领域的时候，跟这个领域相关的人、事、物就会被它吸引而来。同样，当我们从内心深处相信自己是有能量的，是可以吸引优秀的人的，也是可以成功的，那么我们就真的可以实现这些目标。

当然，人的精力是有限的，这句话我妈妈以前经常跟我说。我原来还不相信，为了要向我妈妈证明我的精力是无限的，我经常会同时做好几件事情，甚至试图训练自己拥有这种功能。但最后我发现是我错了，我这样做只会不断消耗自己的精力，做事效率丝毫没有提高。这也让我明白，人在做事时必须要专注。**只有专注，才能让自己的能量集中在重要的事情上，让自己处于巅峰状态，游刃有余地完成自己面对的事情。**

巴菲特说过一句话，我觉得特别有趣，也特别鼓舞我，他说："我每天都是跳着踢踏舞去上班，因为我太热爱我的工作了。"这就是一种能量和状态的表现。巴菲特在说这句话时已经 80 多岁了,却依然每天都能保持着充沛的精力和能量,并对自己要做的事情乐此不疲。如果我们每天可以能量满满地面对周围的人、事、物,相信我们也能够吸引到更多、更好的人、事、物来到我们身边。

"假装"有能量,做事更高效
为什么有的人整天都能量爆棚,活力四射

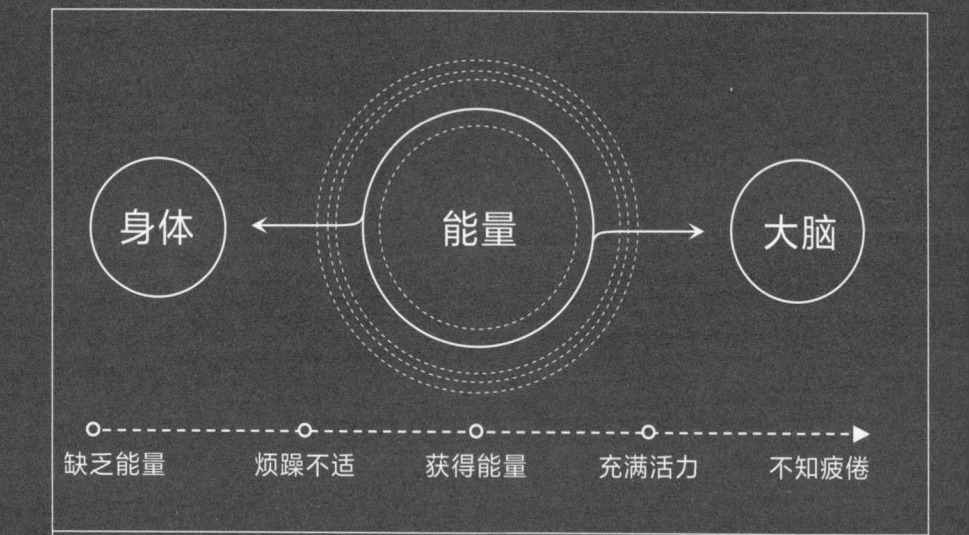

身体 ← 能量 → 大脑

缺乏能量 —— 烦躁不适 —— 获得能量 —— 充满活力 —— 不知疲倦

吸引力法则 如果我们每天可以能量满满地面对周围的人、事、物,相信我们也能够吸引到更多、更好的人、事、物来到我们身边。

能量对人的影响是持久而深厚的,它包含你的热爱、梦想、价值观、人生使命等,是人的底层能量。

想要获得能量,让自己恢复到好的状态,就要学会使用自己的身体。身体获得能量后,大脑的能量才会强大。

只有专注,才能让自己的能量集中在重要的事情上,让自己处于巅峰状态,游刃有余地完成自己面对的事情。

面对人生中的"三大坑"

每个人的人生中都会遭遇三个大坑，分别为"天坑""地坑"和"人坑"。

"天坑"属于不可抗力因素，是我们无法预测也无法避免的。

"地坑"可以避免，也可以预防，它大部分时候来自我们自己的选择，比如我们的世界观、人生观、价值观等。但有时得到别人的一些指点，我们就能释怀。所以，"地坑"属于我们给自己设置的障碍和烦恼，而随着后天认知和格局的提升，这些障碍和烦恼往往都能化解。

身边那些成事不足，败事有余的人，就是我们遇到的"人坑"，他们会给我们带来很多烦恼和无力感。

有一次，我去跟一个客户谈判，商量如何规划一个巨大场地的使用用途，这个场地未来怎么用、如何营造，等等。在沟通过程中，我一直在给对方提供参考价值，让对方看到他们使用这块场地所获得的好处，对方也很认同。就在我们马上结束谈判，准备离开时，我身边的一个伙伴忽然说："这个场地我们以后上课也可以用。"这句话一下子就让我陷入了尴尬境地，让对方误以为是我图谋不轨，在忽悠他。

这个伙伴就是人为地给我挖了一个坑，虽然他是无意的，但确实让我在这件事上表现得不那么完美了。

有些时候，"人坑"给我们带来的影响是很大的，并且不容易处理。有人可能会说："既然如此，那还留这种人在身边干吗呢？"

其实，很多心智未成熟的"废龄人"在做一些事情时，并不是恶意的，只是他们的认知不够，或者说思维不够清晰，导致他们的思维逻辑可能是错的。以前我遇到这样的人会很生气，但现在遇到这种情况我并不生气，有时反而还会有点开心，因为我知道，他们的这些言行正在帮我一点一点地建立起更加复杂的思维系统。不论我个人的认知、思维如何提高，我都不可能永远不跟这类人打交道，而且这些废龄人的未来也有可能变好。我自己就是这样过来的，过去我也曾是个"人坑"，只是现在慢慢成长起来了而已。

所以，如果你认为一个人只是好心办了坏事，那他是可以被接受和被原谅的。他们可能只是因为单纯或无知，但不能否定的是，他们有一颗善良的心，会站在你的角度思考。在这种情况下，他们不会对你产生太坏的影响。而且未来他们醒悟之后，所迸发出来的动力可能会非常强大。

相反，如果一个人是坏心办好事，那一定是来害你的，你要尽快与这种人绝交。骗子在没有骗到你的钱之前做的都是好事，但我们不能因为看到他做了好事，就完全相信他、接受他。

那么，我们怎么判断一个人做的事是好人办坏事，还是坏人办好事呢？

严格来说，这点是不好判断的，但我还是可以为你提供三条判断标准：

第一，你要看他做一件事是不是为了自己，也就是他做了这件事后，自己能从中得到什么好处。

第二，你要看他做的事对于他来说是不是一件费力不讨好的事。

第三，你要看他做这件事的出发点是什么，是对你、对公，还是对哪一方。

如果你发现一个人做了一件事后，可以从中得到一定的好处，或者从表面上看他做这件事费力不讨好，或者他做的这件事明显对别人更有利，你就要认真分析一下，对方很可能是在给你挖坑。反之，如果你发现他做了这件事后，自己并不能得到什么好处，反而是想着为你好，或者是为公家好，那他可能只是不小心办坏了一件事而已。

即使要面对各种"人坑"，我们也要有意识地去结识更多的人，为自己积累人脉，为自己的人际关系布局。这个过程会不可避免地触及我们的赚钱方式和用钱方式。

赚钱的方式有很多，我总结了一下，主要有六步：

第一步，靠体力赚钱。 这是很多人都经历过的阶段，也是通过感受体力劳动积攒脑力的过程。

第二步，靠脑力赚钱。虽然你的身体可能不那么劳累了，但大脑仍然会很累。

第三步，积累钱，也是积累人脉。在这一步，你要时刻有一个意识，就是在你创业、需要帮助的时候，你身边的朋友能否为你提供支持？所以，这一步你积累的其实是可以调动用来维护资源的钱，而不是可以自己随便花的钱。

做到以上三步后，接下来就要进入第二个阶段。我经常把第二个阶段称为"给别人夹菜"的阶段，同时是别人给你"夹菜"的阶段。说白了，**就是你开始从前面三步的自助阶段进入与别人形成互助的阶段，你也开始构建和拥有自己的人脉关系。**可惜很多人不明白这个道理，当有人给他"夹菜"时，他还说："别给我夹菜，我自己夹，自己想吃什么就夹什么。"这种人永远认识不到互助的重要性，也不知道该怎样积累自己的人脉。

从 8 个人一起吃饭，到 15 个人，再到 50 个人、100 个人……你的饭桌不断变大、变多，你建立的互助系统和人脉关系也会越多，你赚取财富的途径也就越多。

第四步，用钱聚集人脉。如果你觉得自己的人脉还不够广，那就去集中精力建立人脉，将人脉聚集在自己周围。此时该送礼物送礼物，该交往就要积极去交往，不要吝啬。

第五步，把自己赚到的钱分出去。真正能做大事的人，都是舍得分钱的人。只有舍得跟别人一起分享利益，才能获得更多人的信任。当然，有的时候你把钱分出去了却没有回响，这也是正常的,你只要坚持去做,就可以逐渐获得广阔的人际关系。

第六步,融合钱,找到人。 也就是真正把人脉放在一起,把事情放在一起,把心放在一起,共同去做一些事业。有时候,**当你找到一个真正能给你带来人生改变的人,你可能觉得前面做的 99% 的事情都没用,但你只有不断积累,不断让人脉滚动,才有可能提高成功概率。**

世界上的任何事情都有概率,如果你没有付出,没有重复性的动作,是很难触达成功概率的,你也很难摆脱"人坑"。所以,在整个过程中,你最好可以保持平常心,按部就班地做好以上六步中的每一步。即使你现在接触的多是心智未成熟的废龄人或者是心智和年龄处在同一个水平的在龄人,也可以通过他们,慢慢触达到更多年龄能力的超龄人,提高自己的成功概率。

面对人生中的"三大坑"
你的身边有没有成事不足,败事有余的人?

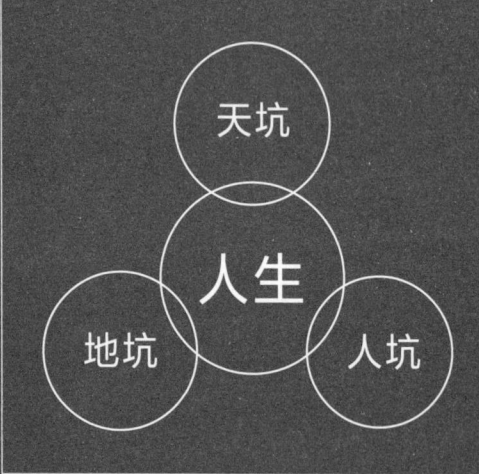

```
        天坑
       
    人生
  地坑    人坑
```

天坑:不可抗力,无法预测

地坑:可以避免,自己选择

人坑:成事不足,败事有余的人

人坑判定标准

第一,你要看他做一件事是不是为了自己,也就是他做了这件事后,自己能从中得到什么好处。

第二,你要看他做的事对于他来说是不是一件费力不讨好的事。

第三,你要看他做这件事的出发点是什么,是对你、对公,还是对哪一方。

六步赚钱方式

第一步,靠体力赚钱。
第二步,靠脑力赚钱。
第三步,积累钱,也是积累人脉。
第四步,用钱聚集人脉。
第五步,把自己赚到的钱分出去。真正能做大事的人,都是舍得分钱的人。
第六步,融合钱,找到人。

当你找到一个真正能给你带来人生改变的人,你可能觉得前面做的99%的事情都没用,但你只有不断积累,不断让人脉滚动,才有可能提高成功概率。

对认知敢于破局，善于布局

有些人活得特别骄傲、特别自豪，自我感觉特别正确。但其实他们恰恰活在自我局限之中，接受不了新鲜的事物、新鲜的信息和新奇的事情。这就是认知局限。

我们经常会看到这样的情况：两个人因为对某个问题意见不同，互相争论，一个是正方，一个是反方，表达都很有逻辑，但就是谁也说服不了谁，最后甚至为此争吵起来。

为什么会出现这种情况？

原因是两个人都犯了一个致命错误：都完全活在自己的世界里，并没有活在大千世界里。简单来说，两个人本身都有认知局限，对问题的看法不够全面，所以沟通起来才会只站在自己的角度，根据自己过去的经历和经验去判断未来的新鲜事物，结果导致他们看待世界、看待问题的眼光特别狭窄。殊不知，一个问题从不同角度来看很可能都是正确的。就像一个瓶子摆在桌上，画家、物理学家和收废品的人看到这个瓶子后，一定会从不同方面进行解读一样,每个人解读得都有道理。但如果你只站在自己的角度解读,那就永远看不到这个事物更新鲜的一面。

认知局限的存在,会在无形之中限制和影响我们在信息接收、事实判断和决策方面的行为,让我们落入认知陷阱中而不自知,或者不知道如何抽身。

比如,在我的学员当中有一位颇有名气的企业家,有一天他问我:"老师,您能说服我一件事吗?"我就问他怎么了,他告诉我,他是学设计出身,现在经营着一家有2000多名员工的企业,但他自己更愿意研究各种设计问题,比如设计广告等。有时看到员工设计的广告不好,他会非常生气,想要自己上手。但这又会占用他很多时间,让他没有更多精力去管理公司。他问我:"您能不能帮我改改我这个臭毛病?"

这其实就掉入了认知陷阱当中——只从自己的角度看到解决问题的方法,却忽略了其他人也有解决问题的方法。我跟他说:"首先我要恭喜你,你意识到自己的认知问题了。然后我给你讲一个人,我相信你会觉得他比你更有设计天赋,这个人就是乔布斯。乔布斯很厉害吧?但苹果公司的广告都是他自己设计,还是由专门的创意团队来设计的?答案不言而喻。如果你觉得自己的设计天分不及乔布斯,那就认真思考一下,自己是不是还要花费管理时间去参与设计这件事。"

我给他讲完后,他豁然开朗,后来很快从陷阱中爬出,把企业做得越来越好。

现在很多企业都会从外面聘请一些咨询顾问,甚至是在行业里边做了几十年的企业家,都可能会花大价钱去寻找咨询顾问团队,帮助自己制定企业下一阶段的战略决策。究其原因,就是要寻找不同的思维,帮助企业站在更高、更全面的认知点上去发展,防止自己落入认知陷阱。

既然认知如此重要,那我们要如何防止自己掉入认知陷阱,或者如何突破自己当下的认知局限呢?

我认为主要有三条路:**读万卷书、行万里路和高人指路。**

读万卷书不难理解,就是广泛阅读,让自己增加更多的人生智慧和体验,通过分析和筛选,把各种信息转变为自己的知识,再把知识与自己的人生经历结合起来,赋予知识更多的意义。不要再用自己过去的经验想当然地去理解新鲜事物,而要保持开放的心态和客观的判断。

读万卷书重要,行万里路同样重要。所谓行万里路,就是持续地去经历和实践,通过各种方式去体验书中的情景,认识真实的世界,开阔自己的见识,同时更好地认清自己在这个世界中的位置。

高人指路就是要多结识、请教和拜访各种高人、贵人,通过他们的指点和帮助来突破自己的认知局限。每个人都有自己的认知问题和认知偏差,即使是那些原本具有较高层次认知的人,也可能被自己的认知限制。在这些时候,别人的一句话可能就会点醒你,让你豁然开朗。

当然,提升认知不是一蹴而就的事,需要的是长期坚持。

首先，你要敢于推倒已建立起来的认知"墙壁"。

见到一个新鲜事物时，如果你感觉有些接受不了，或者感觉不适应时，那你很可能就是陷入了认知陷阱，你开始禁锢自己了。这时，你要勇敢地推倒你周边的"墙壁"，这个"墙壁"就是你用自己过去的经历和经验所搭建起来的认知。

在推倒时一般会有两种方式：一种是彻底推倒，重建认知，这种方式会很难；另一种是提升墙壁内的水平线，让你的认知随着视野的开阔而获得突飞猛进的增长。

不知道大家有没有发现，许多哲学家虽然生活在不同的国家，拥有不同的生活背景、家庭背景和教育背景，最终往往会殊途同归，讲着跨种族、跨语言、跨地区的相似甚至相同的道理。不管是西方的柏拉图、亚里士多德，还是中国的孔子、孟子，他们的很多观点解读出来都有着相似的含义。这说明，最有效地避免掉入认知陷阱的方法就是**把一件事做深、做透，让自己尽可能地接近真理，这样才能运用这个真理去判断身边的事物。**

现在有个很时髦的词叫"换赛道"，就是摆脱自己当前的行业或道路，重新寻找新的行业和发展道路。但我发现一种现象，有些人所谓的"换赛道"并非真的是在当前的赛道中无路可走了，只是在当前的赛道上遇到点儿困难，他就要换赛道。我认为这不叫换赛道，这叫逃跑。因为不管你在哪个赛道都会遇到困难，这么简单的问题都无法面对，你怎么能洞悉世界的真相呢？

善于做好身边的小事，敢于克服困难，你才有可能获得深入大千世界的钥匙。

其次，你要对自己的认知进行布局。

认知的构建一定来自开放的心态，而开放的心态就来自对自己的认知布局。

我身边有很多比我厉害的人，有的甚至比我厉害百倍、千倍，但也有很多不如我的人。当我遇到一件重大的事情时，我一定既会请教那些比我厉害很多的人，也会请教那些不如我的人，还会去请教那些跟我能力差不多的人。因为我需要他们的认知偏差来帮助我构建和补全属于我的完整认知，这可以让我看到一件事的多面性，多到可能我自己都不知道一件事竟然还有那么多新鲜的解释。只有这样，我才能获得对这件事相对完整的解读，最终做出更加客观的判断。

不管在任何时候，只要你心里经常出现"你是错的，我是对的"，那你就是掉入了认知陷阱之中；而当你心中经常出现"你是对的，我可能也是对的，其他人可能更对"，那么你就站在一定的认知高点上了。所以，**突破认知偏见和局限的方法从来不是寻求正确，而是避免错误；提升认知也不能完全靠自己，而是敢于质疑自己，倾听别人。**

在这个信息越来越廉价的时代，想要突破自我，就要切记：并不是你关注什么，就是什么样的人，而是你能把信息处理到什么程度，把问题理解到什么程度，你才会成为什么样的人。

对认知敢于破局，善于布局

认知局限的存在，会无形之中限制我们在信息接收、事实判断和决策方面的行为

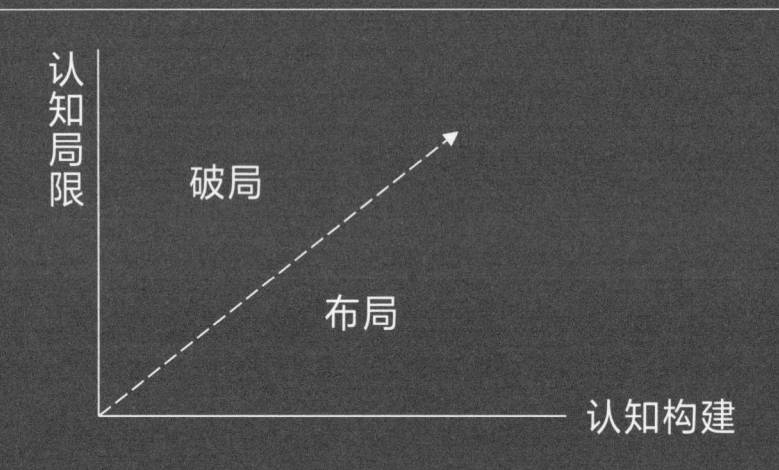

```
认知局限
   │
   │      破局      ↗
   │           ↗
   │        ↗
   │     ↗   布局
   │  ↗
   └──────────────── 认知构建
```

突破认知局限

| 读万卷书 | 行万里路 | 高人指点 |

认知提升

首先，你要敢于推倒已建立起来的认知"墙壁"。
一种是彻底推倒，重建认知，这种方式会很难；另一种是提升墙壁内的水平线，让你的认知随着视野的开阔而获得突飞猛进的增长。

其次，你要对自己的认知进行布局。
突破认知偏见和局限的方法从来不是寻求正确，而是避免错误；提升认知也不能完全靠自己，而是敢于质疑自己，倾听别人。

活着就要上C位

"不断让人上C位，让更多人上C位，做到极致。"这是我的微信签名，也是我内心所想。

很多人来到这个世界上，可能从来没有上过C位，也没有想过自己能成为主角，甚至觉得自己能平安、健康地活在这个世界就已经谢天谢地了。

可是，既然我们来到了这个世界，为什么不努力上C位、不去做主角呢？一个想上C位和一个不想上C位的人，他们所见过的人、经历的事，甚至是整个人生，都是完全不一样的。

在人群当中，不管是好人还是坏人，只要有人评价你，那你曾经就是个表达者的身份。相反，如果一群人都不知道该怎么评价你，也无法得知你的好坏，可以肯定的是，你在他们之中是没有存在感的。因为你从来不主动表达自己，在别人眼中也是完全没有印象。长久下来，你可能连自己是什么人都不清楚了，遇到好人，你可能就是好人；遇到坏人，你也可能变成坏人。

《觉醒年代》这部电视剧中的陈独秀在当时那个事事都讲究传统的年代可以说是一个"坏人"。尤其在进入北大后，他总是和北大里的那些老学究针锋相对，惹得大家都不喜欢他。只有蔡元培经常劝他要学会包容，因为具有包容品质才能成为一个真正的思想家。但是换到今天，我们可能又会认为那些老学究是坏人、是封建文化的卫道士，陈独秀才是好人。

人的大脑中不能只有好和坏的概念，成年人也不能只用好或者坏来评价这个世界。有时候，你认为的好人可能只是你喜欢的人，却是别人讨厌的人；而你认为的坏人，可能也只是你讨厌的人，却是别人喜欢的人。**只是不管你选择做什么样的人，都一定要努力去做那个 C 位上的人，勇敢地表达自己、展示自己，而不是做个透明人。**

有人说："我也想上 C 位，可是我一张嘴就可能被人误解。"但是你难道要因为别人的误解而永远不张嘴说话了吗？显然不能。当人们习惯用好和坏来评价一个人时，被误解是肯定的，永远不被误解才不正常。

还有人说："言多必失，还是保持低调，别那么冒进了吧！"

言多必失没错，但你仔细想想，你到底会失去什么呢？所谓的言多必失，其实是相对于那些爱表达，并且已经通过表达得到了很多人支持的人而言的。而且你只知道言多必失，却不知道还有一句话叫"会哭的孩子有奶吃"，因为主动争取了才有可能获得。你不肯争取，当"透明人"，那你连获得的机会都没有。

我们在生活和工作中会发现有这样一类人，他们在任何时候的表达都非常得体，可以在恰当的时候说出恰当的话，甚至他们的话能照顾到在场的每个人。不管是上级领导、平级同事，还是下级下属，都对他们赞不绝口。这就是真正会表达的人。同时这也提醒我们，想要成为一个占据 C 位的表达者，就要记住：在准备说话之前，你都要照顾到谁，都有谁在听你说话，你应该怎么说才到位，为什么要这样说；或者想要夸人的时候，也要想好如何夸，你夸完后能不能让对方舒服；等等。如果你表达了半天，却完全没有达到目的，那你的表达就是无效的。

所以，想要让别人记住你，在遇到问题时要记住一点：**一定要把话说得软软的，把事做得硬硬的。**不能想说什么就说什么，说话既要有目的，还要有一定的情感支撑，懂得关心别人。关心别人就是在关注别人的内心，如果做不到这一点，你的表达就无法引起他人的关注。

任何一个优秀的表达者，都会经历不说话沉默寡言、爱说话口无遮拦、会说话字字珠玑的过程。没有一个人是直接从不说话到会说话、从沉默寡言到字字珠玑的。所以，不要担心言多必失，表达者才是参与者，也才有可能站到 C 位上，成为众多人关注的焦点。相反，如果你不去表达，你就根本没办法让自己变得字字珠玑，更不可能站到 C 位上去，成为对别人来说很重要的人。**敢表达才能做生命的参与者，沉默只能做旁观者。**

活着就要上 C 位
为什么不努力上 C 位、不去做主角呢？

参与者　　　**C 位**　　　旁观者

好人　　　透明人　　　坏人

敢表达才能做生命的参与者，沉默只能做旁观者。

通过做"坏人"，我可以把别人的注意力吸引到我身上，我要先让自己成为 C 位的人。当所有人都关注我之后，我再让他们对我刮目相看，因为我骨子里是个好人。

不管你选择做什么样的人，都一定要努力去做那个 C 位上的人，勇敢地表达自己、展示自己，而不是做个透明人。

任何一个优秀的表达者，都会经历不说话沉默寡言、爱说话口无遮拦到会说话字字珠玑的过程。

一定要把话说得软软的，
把事做得硬硬的。

复盘时刻

1. 真正的战略是单选题,懂得取舍最重要。

2. 战略就是对自己身边的人进行有效布局。

3. 遭遇的失败越多,获得的经验越多,解决问题的能力越强,距离成功也就越近。

4. 人生中经历失败几乎是必然的,因为抱负总是跑在能力之前。

5. 所谓创业,就是一边咀嚼玻璃,一边凝视深渊。

6. 让胆量变大,是自己突破圈层、实现跃迁最有效的途径之一。

7. 会做事的人,成功是暂时的;会做人的人,不成功才是暂时的。

REPLAY

8　要成大事，既要有智慧，还要有勇气。而"强"一定要在"明"的后面，才能成事。简而言之，鲁莽是基于无知去做事，胆大则是基于有知去做事。

9　要坚持行动，相信重复的力量。

10　能量对人的影响是持久而深厚的，它包含你的热爱、梦想、价值观、人生使命等，是人的底层能量。

11　当你找到一个真正能给你带来人生改变的人，你可能觉得前面做的 99% 的事情都没用，但你只有不断积累，不断让人脉滚动，才有可能提高成功概率。

12　你要敢于推倒已建立起来的认知"墙壁"。

Part

社交驱动

建立自己的人际"谷仓"

世界上很多有用的事情，
都是靠这些"没用"
的事情衬托出来的。

多做"没用"的事，你会越来越有用

人生中的很多事情，表面看没用，其实是大有用处的。

我曾经跟一个制片人做过很多档综艺节目，他拍的电影都很成功。有一次我们聊天，他就问我："你知道我们做电影、做综艺，每天从事这些高强度的工作，最重要的是什么吗？"我给出了好几种答案，比如技术、经验、设备、场景、编剧、演员、嘉宾等，他都摇头否定。最后他告诉我，对于他们来说，"最重要的是睡觉"，会睡觉的人才能在这个行业里吃得开。

这个答案大大出乎我的意料。他接着又告诉我，因为在很多情况下，拍摄都不是以人的意志为转移的，还需要考虑天气、光线、各种拍摄环境等。有时一个场景只允许你用两三个小时，或者封一条马路拍摄，时间非常短，资源也非常有限。在这种情况下，你必须保持头脑清醒，抓紧一切时间完成拍摄任务，拍完一个场景马上转场，去下一个场景拍摄，这种时候人是非常疲惫的。想在拍摄时保持头脑清醒，你就必须有随时闭上眼睛就能睡着的本领，让大脑获得短暂的休息。有时睡上5分钟、10分钟，醒来后头脑就会异常清醒，人也会异常敏感。这对于艺术创作者来说是一件非常重要的事。

以前我觉得，与工作相比，睡觉是最不重要的。我经常看到网上说，几点到几点是人身体的哪个部位在休息，我就不相信，哪有那么邪乎？后来我发现有科学研究称，人们白天清醒时使用大脑，会让大脑内存储大量的垃圾信息和垃圾能量，而睡觉就是帮大脑排空这些垃圾信息和垃圾能量最有效的途径。任何一个精力充沛的人，并非每时每刻都精力充沛，只有经过休息，才能让自己恢复体力和精力。

所以你会发现，你在做有用的事情时，大都是在清醒时做的，但让你保持清醒的却是睡觉这件没用的事情。**世界上很多有用的事情，都是靠这些"没用"的事情衬托出来的。**

举个例子，在看电影、电视剧时，我们经常感叹其中的某些场景华丽、壮观，甚至还会有一些火爆的出圈镜头。但你发现没有，在这些火爆镜头出现之前，往往会先有一两个异常安静或缓慢的镜头，接着火爆镜头才会出现。这些或安静或缓慢的镜头就相当于"没用"的镜头，它的目的是为后面的镜头烘托气氛。这种形式是运用了文学创作中的起兴手法，其作用就是用附属场景去烘托主要场景，用附属物体去烘托主要物体。简而言之，这种方法就是用"没用"的场景烘托后面"有用"的场景，两者形成强烈反差，提升观众的观感。

很多人与别人沟通时，经常都是只谈事不谈情。比如，一个公司的两个基层业务人员，见面后直接对接工作，基本不聊工作之外的事情。但你可能不知道，他们的领导其实早已对接过了。在这两位基层员工对接业务时，他们的领导可能正坐在隔壁房间喝茶、聊天。两个基层员工对接的业务是否顺利、能否成功，最终就取决于两个领导之间的感情关系是不是足够好。

我过去做项目经理时，跟一个客户多次沟通业务，但总是不顺利，不是对方觉得我方投入少，就是我方觉得对方出价低。后来我做到项目副总、项目总裁，甚至开始自己创业后，我才终于明白一件事：**想要让业务合作顺利进行，就要先交朋友后办事。**

有人可能不理解：办事才是目的，交朋友有什么用？

的确，交朋友就是那件"没用"的事，但恰恰是"没用"的事，可以让对方愿意为你提供更多的资源；可以让对方在遇到一些小难处时自行解决，不会总来麻烦你；可以让对方站在你的角度，设身处地地考虑你的利益。一个汽车发动机想要快速运转，是不是要向其加入润滑油？润滑油并不能直接为汽车提供能量，但可以解决润滑的问题，让汽车跑得更快。加润滑油看似是"没用"的事，其实是在为有用的事打根基。有了这个根基，我们做的有用的事才能开花结果。

我过去曾带领团队为 IBM 公司做销售咨询，在这期间，IBM 公司的销售部门给我们团队提出一个很有趣的要求，要求我们的销售培训课程分为两方面，一方面叫正式沟通，另一方面叫非正式沟通。我当时不理解，销售培训不就是给销售人员培训销售技巧，让销售人员学会业务交流和业务沟通吗？后来我才明白，业务沟通的最终成果来自双方是否在非正式场合交过朋友，比如一起打打球、吃吃饭、喝喝茶等。这些从表面看都是没用的事，实际却可以增进双方的友谊，最终为达成有用的合作奠定基础。

所以，**会做"没用"的事的人，往往更容易把有用的事做好、做大**；而每次出手只想做有用的事，只想快点拿到结果的人，往往干不成大事，因为他不知道人际关系的好坏决定了事情办成的效率、速度及规模。在这个世界上，不论做什么，最终要达成的都是合作。**合作最重要的不是做事，而是做人。**

把人与人之间的关系处理好，双方培养出感情，你做什么事都会顺顺利利的；反之，感情没处好，再顺利的事也会变得不顺利。明白这个道理后，你就知道为什么自己以前做事总是遇到障碍，原因就是你只想做"有用"的事，而忽略了"没用"的事的价值。

多做"没用"的事,你会越来越有用
人生中的很多事情,表面看没用,其实是大有用处的

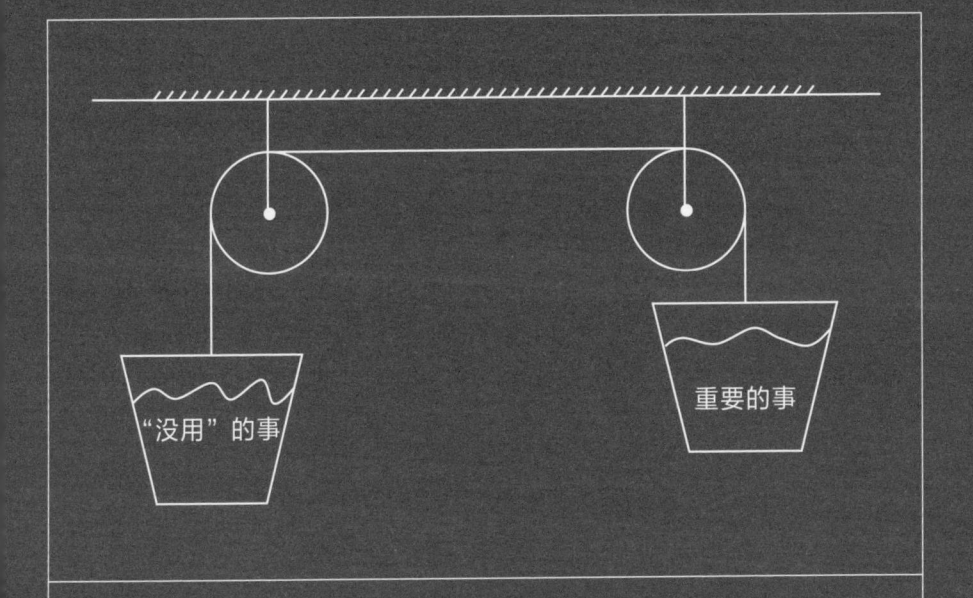

"没用"的事

重要的事

世界上很多有用的事情,都是靠这些"没用"的事情衬托出来的。

想要让业务合作顺利进行,就要先交朋友后办事。

会做"没用"的事的人,往往更容易把有用的事做好、做大。

合作最重要的不是做事,而是做人。

智商决定起点，情商决定高度

面对同一个问题，智商高的人会运用自己所学的知识进行处理，但这样会耗费很多时间和精力；而情商高的人会利用身边可用的资源，省时又省力地把问题处理好。相比之下，情商高的人可以用更少的时间和精力去做更多的事情。

我们常说，一个人要有高情商，高情商对于日常人际关系的建立和事业的发展具有重要作用。

这一结论是不言而喻的，世界著名心理学家戴维·戈尔曼提出的"情商理论"就证实了这一点。美国哈佛大学的一项研究也表明：高情商的人比低情商的人更容易获得朋友，更容易获得婚姻的幸福，也更容易在复杂、不确定性或有紧迫感的工作当中获得优势。反之，情商低的人往往容易陷入情绪失控状态，还容易沉迷于社交网络，无法很好地解决人际冲突，等等。

由此可见，提高情商对于我们的工作和生活都有着至关重要的作用。情商高的人，更容易自如地应对人生中的困境，更容易获得别人的信任和喜爱，也更容易获得更好的职业发展，实现自己的人生目标。

我们平时经常会遇到这样一些人，他们在说话或表达自己的观点前，往往会先加个铺垫，就是"我这人说话不好听，你别往心里去"，然后再说自己想说的话。很多人认为这是高情商的表现，可是在我看来，这恰恰是缺乏情商的表现，因为他们伤害了别人还不想承认，让对方不舒服还不计后果。

真正情商高的人，不管是与人交流，还是平时交往，都一定会让人感觉如沐春风、久处不厌。他们说起话来总让人感觉很舒服，批评时恰到好处，表扬时准确到位，并且能很好地控制自己的情绪，每件事都做得很有分寸。

说到这儿，我想起一个故事。在唐代宗时期，吐蕃大举进攻长安，代宗无能，仓促逃离长安，郭子仪临危受命，率军对抗吐蕃。就在即将取胜的时候，手下人忽然跑来告诉郭子仪，说郭家的祖坟被人刨了。

天下最恶毒的事，刨人祖坟绝对是可以排在前列的。郭子仪一听气坏了，赶紧追问有没有抓到刨坟的人。手下人回答说没抓到，报官后官府也没查出什么线索。

郭子仪虽然心中万分悲愤，但他仍然以大局为重，继续率兵作战，最终将吐蕃军赶出长安，又将代宗迎接回来。

唐代宗一见到郭子仪，忙拉住郭子仪的手，惭愧地说："将军为我大唐立下赫赫战功，我却有愧于你啊。你家的祖坟被贼人挖了，至今都找不出是谁干的。"

郭子仪忍着内心的悲痛，义正词严地说："这事不怪皇上，都怪我自己。我多年行军，不知踩踏了多少坟墓，如今是上天对我的惩罚！"

郭子仪真是这么想的吗？

当然不是。他心里很清楚，祖坟是被宦官鱼朝恩挖的。可是皇帝不点头，一个宦官怎么敢干这种事呢？而代宗这么做，是因为郭子仪当时权势和能力都太大，功高震主，代宗自然不放心。如果郭子仪趁机谋反，那么代宗就有理由趁机除掉他。郭子仪在官场多年，怎么能想不到这点呢？

为了打消代宗的疑虑，郭子仪把过错都揽到自己身上，让代宗很满意，这件事就这样过去了。

可见，在面对冲突或争议时，冲动发怒并不是最好的解决方法，而是要冷静处理，避免自己情绪失控。同时，还要学会看透事情的本质和其中的玄机，不要轻信表象，以免遭受欺骗和伤害，因小失大。

通过郭子仪处理这件事的态度，我们也能看出郭子仪的情商是非常高的。如果我们想要妥善地处理日常遇到的事情，也需要不断提升自己的情商。**在人生旅途中，智商决定一个人的起点，而情商决定了一个人能够走多远。**

既然情商如此重要，那么我问你：你觉得现在的自己情商够高吗？或者说，你认为自己是一个高情商的人吗？

我相信一定有人认为自己是个情商很高的人，但我要说的是：**如果你认为自己现在的情商已经足够高了，反而说明你的情商还**

不够高。情商是需要经过学习和锻炼不断提高的，你现在认为自己的情商足够高，说明你认为自己已经不需要再提升了，这恰恰是一种短视的表现。

情商不仅是在你上升过程中需要学习的东西，哪怕是你已经把自己的事业做到了天花板，也需要不断学习。简而言之，提升情商是我们一辈子都要做的事情。

有人觉得自己的情商已经很高了，不知道还要怎么提升。如果你这么想，我就给你几点建议。

首先，你要不断地提升沟通和表达能力。

不管是在生活还是在事业中，能够清晰地表达自己的想法和观点很重要，但更重要的是，你要学会有效地沟通和表达。

有些人把沟通和表达能力理解为会说话，这是个误区。

举个例子，如果你有一件事对朋友说了，但又不想朋友把这件事告诉别人，这时一般的表达可能是直接告诉朋友："这件事你千万别对别人说啊！"但高情商的人在表达这个观点时，可能会这样说："这件事只有我们两个人知道，如果以后你从别人口中听到今天的内容，那一定是我讲的，那时你可以来指责我，甚至跟我绝交。不过，我是真想跟你做一辈子兄弟啊！"这句话相当于你先向朋友做出了承诺，同时提醒朋友应该对你承诺，不要让第三个人知道这件事。

高情商的沟通和表达并不一定直接说出自己的观点和想法，有时拐个弯说往往更能达到目的。

其次，你要培养同理心。

在与人沟通时，不管是跟领导、同事，还是朋友或其他人，我们都要学会站在对方的角度去思考，理解对方的心理、想法和情感状态。

比如说，有个人欠你的钱，你想把钱要回来，这时就要先学会站在对方的角度去跟对方沟通："最近手头挺紧吧？是不是家里遇到什么事了？遇到困难就跟我说，我尽量帮忙，因为我们两个是最好的朋友，你有难处我必然会伸手。同样，我也相信我有困难时，你也不会袖手旁观。"

如果你面对的是一个有道德水平的人，这样的开场白显然要比你直接跟对方要钱、直接让对方没面子有效得多。当然，如果你遇到的是无赖，那就不是情商层面能解决的问题了。

再次，你要知道自己和他人的边界。

在跟别人沟通和交流时，如果彼此还没有变成熟人、朋友，我们说出来的话过于随便可能会令对方不舒服。在这种情况下，我们就要注意交谈边界，把握好交谈的分寸。

同样，如果别人说话令我们感到不舒服，我们也要适当提醒对方，我们的边界在哪里。尤其在一些商业沟通中，在尊重彼此的利益和名誉的前提之下，我们要时刻让对方知道，我们的边界是什么。

又次，你要了解自己的情绪变化。

在与人沟通时，不论会不会被激怒，我们都要尽可能地保持冷静和理智，避免自己被情绪控制。

我身边曾有几个能力很强的朋友，平时待人真诚、热情，但他们都有个致命的缺点，就是控制不住自己的情绪，经常因为一点小事情绪失控，导致严重内耗。试想一下，如果一个人遭遇一点小挫折就一蹶不振，那会很容易让自己的情绪陷入内耗之中。还有的人像炮仗一样，因为一点小事就爆发。这样的人情商普遍不高，遇到问题一般也难以较圆满地解决。

最后，你要建立积极的人际关系。

什么是积极的人际关系？

简而言之，就是主动积极地去了解身边朋友的兴趣爱好，甚至是他们的背景，这可以帮我们弄清楚能与对方沟通和讨论的话题，从而为自己赢得更多的机会。

当然，提高情商不是一蹴而就的事情，需要不断地学习、思考、总结、实践，更要时刻保持谦虚、开放的态度，接受他人的意见和建议，不断改进自己。我相信，坚持下来，你一定会成为一个高情商、自我管理能力出色的精英，也一定会收获更好的工作和人生。

智商决定起点，情商决定高度
智商高的人善于运用知识，情商高的人善于利用资源

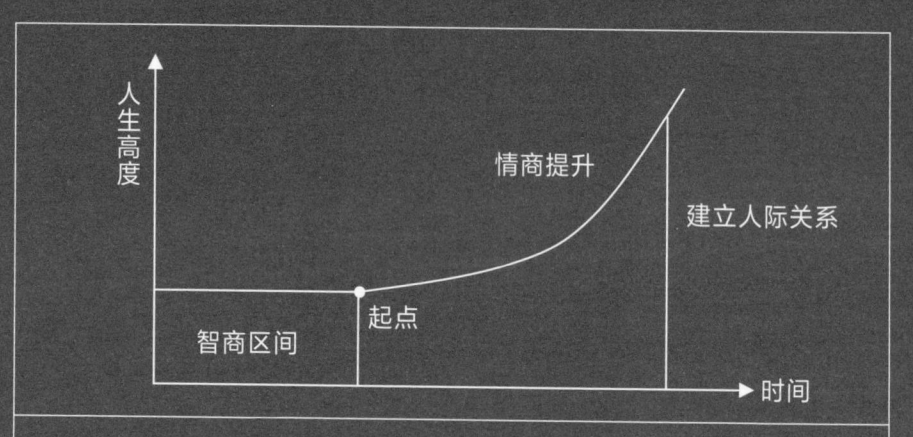

```
人生高度 ↑
         │                    情商提升
         │                              建立人际关系
         │         ●
         │        起点
         │  智商区间
         └─────────────────────→ 时间
```

提高情商不是一蹴而就的事情

首先，你要不断地提升沟通和表达能力。
不管是在生活还是在事业中，能够清晰地表达自己的想法和观点很重要，但更重要的是，你要学会有效地沟通和表达。

其次，你要培养同理心。
在与人沟通时，不管是跟领导、同事，还是朋友或其他人，我们都要学会站在对方的角度去思考，理解对方的心理、想法和情感状态。

再次，你要知道自己和他人的边界。
在跟别人沟通和交流时，如果彼此还没有变成熟人、朋友。在这种情况下，我们就要注意交谈边界，把握好交谈的分寸。

又次，你要了解自己的情绪变化。
在与人沟通时，不论会不会被激怒，我们都要尽可能地保持冷静和理智，避免自己被情绪控制。

最后，你要建立积极的人际关系。

对待"垃圾人",点头不深交

我们可以做好人,但一定不要做滥好人。

在与人交往、合作的过程中,我们总会发现一些垃圾人出现在自己的世界里,让我们吃亏,给我们教训。这时,有些人就习惯当老好人,任由对方触碰甚至践踏自己的底线,自己忍气吞声,理由是不想把关系搞得太僵。

但我要告诉你,这个世界不会因为你当老好人就会变得美好,别人也不会因为你好说话就对你礼让三分。

垃圾人通常都有一个共性,就是欺软怕硬,总爱挑一些比较软弱、好说话的人欺负。还有些人具有"吸渣"体质,比如有的女孩吸渣男,有的男孩吸渣女;有的人经常遇到贵人,有的人却经常遇到小人;有的人遇到的都是来帮助他的人,有的人遇到的却是来消耗他的人。

为什么会出现这些情况呢?

因为很多时候,好人就会吸引坏人,善良就会吸引骗子。只要是垃圾人，他一定会去找好人，找那些愿意被欺负的人，找"软柿子"去捏。这就提醒我们，想要在这个世界上好好生活，就一定要有刚性，既要学会跟好人相处，还要学会与身边的垃圾人、小人共存，因为他们也是世界的一部分。

我以前的公司有一个小伙子，他刚来公司时，生活比较窘迫，住得离公司很远，每天要挤好几趟公交车才能到公司。我见他每天很辛苦，就给他在公司里找了个角落，让他在公司住，不用每天上下班跑那么远的路，他很高兴。但是，公司很快就出现一个新问题：新入职的员工不到一个月便找我加薪。后来我才知道，是这个我照顾过的小伙子给他们出的主意，觉得我好说话，动员他们来跟我提加薪要求。

还有我以前的一个同事，听说我自己成立公司后，就想来我的公司和我一起干。我很欢迎，毕竟是熟人。结果我发现，只要我在场时，他什么都干；我一离开，公司就找不到他人了，打电话也不接，也不知道他去了哪里。无奈之下，我告诉他："我这个地方可能不适合你，我让人给你办离职，你走吧。"过了一段时间，我的另一位同事告诉我，他从我这里离开后，到外面一些咨询公司面试，就跟人家说，他在我这里干过，并且拿过很高的薪水，以此来要求更高的薪水。我当时就很无语。

通过这两件亲身经历的事情，我想告诉大家：有的人可以讲理，有的人你跟他讲不出道理。有时你希望能跟对方好好沟通、好好讲道理，但对方根本不按常理跟你出牌。

如果你迫不得已要跟以上这些人打交道，我教你一个方法：**点**

头不深交。当然，要认清一个人到底什么样，我们还要提前对这个人有所了解和判断。

首先，通过细节观察深入地了解一个人。

我们常说，了解一个人要以小见大，就是通过一些小事去判断这个人的品行。比如，这个人是不是爱占小便宜、是不是欺软怕硬，包括他在自己的朋友圈里处于什么样的地位，他平时具有什么样的生活状态，他对周围的人怎么样，等等。

如果一个人对周围的人都很友好、很仗义，那么他大概率是个不错的人；如果他动不动就要占点小便宜，那么他大概率是个爱占便宜的人。

遇到垃圾人，我们就要收起自己的仁慈之心，展现出自己强大的一面，让垃圾人有所顾虑。你的心会决定你所有的动作和行为，遇到垃圾人，就要让心硬起来，不要让对方有欺负你的机会。我们在职场上都有这样的体会：如果无限度地容忍别人，就会让对方得寸进尺，总有一天你会忍无可忍。如果不想出现这种局面，那就在面对垃圾人时不要有任何的心慈手软。

其次，你可以"去之者纵之，纵之者乘之"。

如果你在职场上不得不与垃圾人打交道，对方在地位上又压你一头，你也可以采取另一种应对方法，就是他越欺负你，你越不还手，而是使劲儿地纵容他，甚至捧杀他。

《鬼谷子》中有一句话，叫"去之者纵之，纵之者乘之"，意思是说，想要除掉一个人，就要放纵他，等着他自己留下把柄，再顺理成章地控制他，甚至除掉他。有些时候，示弱并不是真的害怕对方、向对方低头，而是为了让自己有更大的收获。

最后，你也可以以其人之道，还治其人之身。

我在上初中时，有一天，一个同学到我家玩，等他走后，我发现自己的一条项链不见了。当时我也没多想，以为是被自己弄丢了。后来，我在一个本来不打算参加的聚会上，看到我的这个同学脖子上正戴着我的那条项链。我当时非常生气，想马上过去质问他，但冷静下来后，觉得这样的处理方法不合适。

于是，我就走过去，心平气和地对他说："你那天戴走我的项链，是不是忘记跟我说了？你好像跟我说了吧？我有点记不清了。"

他明显愣了一下，然后马上笑着回答说："我那天跟你说了，你肯定忘记了。"我也立刻回应道："对对，你跟我说了，看我这记性。不过，我得把项链收回了，因为那个××也想戴几天。"他说："行，我一会儿就还你。"

就这样，我顺利地要回了自己的项链，从此再也没提过这件事，我们也一直维持着不错的关系。

当你遇到一个垃圾人时，能绕开则绕，实在绕不开，就积极应对，绝对不能袖手旁观，或者想着息事宁人，否则只会让自己遭受损失或受到伤害。

"圣人之道阴，愚人之道阳。"**圣人做事都是藏而不露的，只有愚人才会什么都让人知道**。遇到好人、贵人，我们可以把心窝子掏给对方，与对方一起进步，彼此扶持；遇到居心叵测、心怀不轨的人，我们不但要能分辨，还要学会冷静应对。如果人生中不经历这些事情，你永远都长不大，也无法变得优秀。

对待"垃圾人",点头不深交

好人与好人之间的友情,有时就来自一起对付坏人

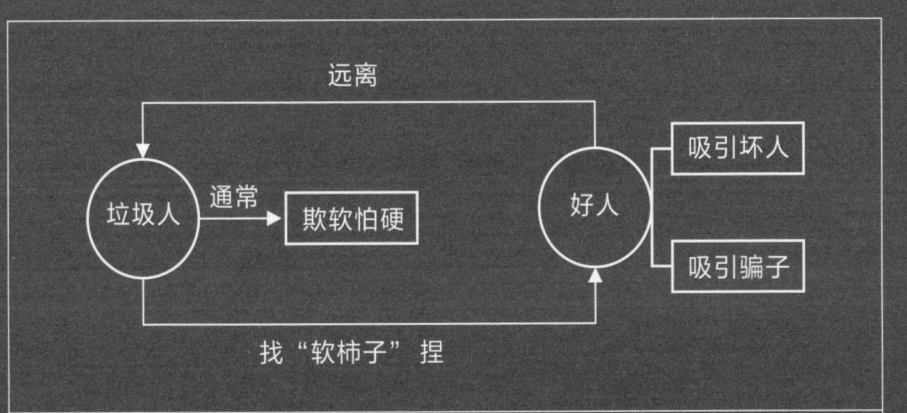

```
                     远离
        ┌─────────────────────────┐
        ↓                         │
     ┌─────┐   通常   ┌────────┐  │          ┌────────┐
     │垃圾人│ ──────→ │欺软怕硬│  │  ┌─────┐ │吸引坏人│
     └─────┘          └────────┘  │  │ 好人│─┤        │
        │                         └─→│     │ └────────┘
        │                            └─────┘ ┌────────┐
        │                               ↑    │吸引骗子│
        │          找"软柿子"捏         │    └────────┘
        └────────────────────────────────┘
```

提前了解和判断

首先,通过细节观察深入地了解一个人。
了解一个人要以小见大,就是通过一些小事去判断这个人的品行。

其次,你可以"去之者纵之,纵之者乘之"
想要除掉一个人,就要放纵他,等着他自己留下把柄,再顺理成章地控制他,甚至除掉他。

最后,你也可以以其人之道,还治其人之身。
当你遇到一个垃圾人时,能绕开则绕,实在绕不开,就积极应对,绝对不能袖手旁观,或者想着息事宁人,否则只会让自己遭受损失或受到伤害。

圣人做事都是藏而不露的,
只有愚人才会什么都让人知道。

真正的精明是学会合作

精明分两类，一类是大精明，一类是小精明。

爱耍小精明的人在凭借自己的精明获胜后，会忍不住向别人炫耀，但他的精明也到此为止了。有大精明的人每次都能以自己的精明获胜，但他从来不说，也威胁不到别人，于是他的精明可以多次使用。这才是真正的精明。

在很多人看来，在与别人沟通时，就要尽可能地展现出自己的精明能干，让对方知道自己很厉害、能力很强，不是好惹的。

我的观点刚好相反。我认为，人应该学会隐藏自己，隐藏自己的才能、需求、情绪，让喜怒不轻易形于色，学会积攒自己的心力。心力才是我们最应该拥有的力量，有了心力，我们就有了方法和技巧；反之，没有心力，就没有真正精明的大脑，就算你有一张精明的面孔和一些精明的不过细枝末节的只言片语，对沟通也没什么意义。不仅如此，这还可能害了你，因为你根本没有驾驭这一逻辑的能力，也根本触动不了别人接纳你、与你结交的可能性。

当然，有的人可能短期内也能凭借自己展现出来的精明获得机会、赚到钱，但这只是在杀鸡取卵，消耗自己的资源，甚至是在浪费未来更好的资源。记住，**高手一定是看起来有些傻的，只有假装高手的人才会显得很精明。**古语中有个词叫"大智若愚"，说的是真正有智慧的人，看起来好像都很愚笨；如果反过来说的话，有些人就是"小智若精"，原本没有很大的智慧，非要装出一副精明的样子。但是，这样的精明并不能给你带来长久的发展，因为你早晚会被人识破，未来也会越走越难。我们要做的应该是让道路越走越简单，开始时难一点，后面越来越顺利才行。

我过去创业时，刚开始挑选项目也是先挑选简单的项目，觉得这种项目容易操作，赚钱也快，多好啊！我甚至还为自己的"精明"沾沾自喜过。但是公司规模慢慢做起来后，我发现再用自己以前的那套"精明"手法根本驾驭不了现在的规模了。我必须重新规划，制定更详细、更长久的战略，但这时再来规划和制定战略就比一开始难了很多，因为你铺的面太大了，你也必须耗费更多的精力和更强的能力，才有可能做好未来规划。

人想要获得长久发展，必须先努力让自己的系统变得高级和复杂。如果你的系统太简单，后期就难以应对。举个最简单的例子，你把一个复杂的游戏装入一部系统较低的手机里，结果会怎么样？我想大家都清楚，要么游戏运行不了，要么手机卡顿，甚至导致系统崩溃。

这个世界上的道理都是一样的，不管是机器还是人。**你的系**

统不够高级、不够复杂,却非想玩大型游戏,最后只能导致自己死机。

世界上的大部分人希望自己能成为一个真正精明的、有成就的人,而不是平凡者甚至失败者,但你知道成为精明而有成就的人的重要前提是什么吗?

两个字:合作。

我们身边有这样一种人:自己能力很强,认知很高,知识面也很广,甚至上知天文,下知地理,无所不通。但是,他干什么都是单打独斗,没有团队,每天要亲自应对各种事务,忙得不可开交,经常感觉力不从心。

我问你:你感觉这样的人累不累?你想成为这样的人,活成他的样子,还是想成为身边有一群人跟着自己一起干的人?你觉得这两类人谁会在未来发展得更好?

有人可能选择前者,觉得只要能赚到钱,一个人干和一群人干没什么区别,无非就是累一点。但这样赚的钱可以完全归自己所有,也挺好啊!一群人干,挣点钱还得分给别人,不划算。有时甚至觉得自己这样做才算精明。

这种情况很常见,尤其是对那些很缺钱的人来说更是如此。如果你眼前放着两个机会,一个是马上赚到钱,另一个是获得一个非常优秀的团队,我相信不少人都会选择前者。

但是,我要告诉你一个事实:**真正精明的人,即使他身处谷底,也会放弃第一个机会,而选择获得一个团队**。这就像是项羽和刘邦的关系。论单打独斗,一百个刘邦也打不过一个项羽,可最后为什么是刘邦赢了呢?

因为刘邦学会了合作,自己虽然能力不强,但是他把一群很厉害的人组织在一起,形成一个团队,用团队的力量去对抗单一力量的项羽。

记住,**学会合作不会让你丧失拥有团队的机会**。如果每天忙得不可开交,大事小事都要亲力亲为,身边连个助理都没有,就算你有一身本领,也都消耗在琐碎的小事上了。更重要的是,在你成为一个独立的牛人、一个单打独斗的冠军的过程中,你同时丧失了拥有团队的机会,丧失了让自己未来发展更好的机会。只有懂得借助团队力量,才有可能快速爬出谷底,走上人生巅峰。

我以前就遇到过这样的人,当时我也不理解,就问他,为什么不选择马上赚钱,而是选择一个合作伙伴?他告诉我,自己虽然没有钱,可是赚这点钱又能解决什么问题呢?也许只能解决眼前的吃喝问题而已,以后怎么办?不是再次陷入困境吗?选择了优秀的合作伙伴,就意味着自己的力量可以增强,自己的系统也可以变得强大、高级,自己也能因此获得更多、更好的发展机会。哪怕现在困难一点,以后只会越走越好,而不是越走越难。

事实也证明了他的选择是正确的。因为当你拥有一支团队后,你解决问题的办法会更多,上升的高度和前进的步伐也会更高、更快。相反,单打独斗的人只能追求自己个人能力的增长,殊不知,不管你的能力怎么增长,你一个人能做的事、能走的距离也是有限的。这就是为什么同样陷入低谷,有的人能快速爬上来,有的人却怎么都爬不上来。

在生活和工作中，我们到底是要把一件事从简单变复杂，还是从复杂变简单？如果你把复杂的事情变简单了，你的时间就会不断增加，越向前走就越容易；反之，如果你把简单的事情变复杂了，你的时间就会不断打折扣，越向前走就越难。而把复杂的事情变简单的有效途径，就是隐藏个人的锋芒，寻找到优秀的合作伙伴，利用团队的力量去获得更大的利益。

真正的精明是学会合作
精明分两类，一类是大精明，一类是小精明

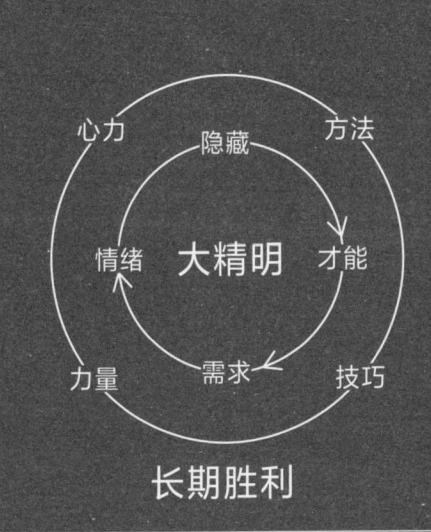

大精明：心力 → 方法 → 才能 → 技巧 → 需求 → 力量 → 情绪（隐藏）
长期胜利

小精明：获胜 → 炫耀
短期胜利

- 高手一定是看起来有些傻的，只有假装高手的人才会显得很精明。

- 系统不够高级、不够复杂，却非想玩大型游戏，最后只能导致自己死机。

- 真正精明的人，即使他身处谷底，也会放弃第一个机会，而选择获得一个团队。

- 把复杂的事情变简单的有效途径，就是隐藏个人的锋芒，寻找到优秀的合作伙伴，利用团队的力量去获得更大的利益。

合作的前提——开放

有这样一种现象：同一件事，一个人去谈好几次都谈不成，最后双方都快谈成敌人了，可是换了一个人去，一次就谈成了，双方还达成了愉快的合作。

为什么会这样？这两个人之间的差距在哪里？

有人可能认为第一个人的能力不行，但具体是哪方面能力不行，你可能又难以回答出来。

实际上，出现以上差距是因为第一个人不懂得合作的重要性。而我要告诉你的是：合作是这个世界上最伟大的魔术。它可以让废品变成有价值的产品，让废人变成有价值的科学家，甚至能让废墟变成有价值的科学研究对象。简而言之，**合作是一个变废为宝的过程。**

但是，合作并不是那么容易达成的，它需要一个最基本的前提，叫作开放。没有开放，任何合作都难以达成。

什么才是开放呢？怎样才能做到开放，实现合作呢？

根据我的经验，我认为要做到开放必须具备五个要素。

第一，开放的视野。

问大家一个问题，如果有人跟你讲一件事或一个观点，你马上回怼道："你说的这个事几年前不就有了吗？这个事我知道，别人也跟我探讨过。""这种情况我经历过，也知道怎么处理更好。""这个观点不算新颖。"……你觉得对方会是什么反应？

换位思考一下，我们也知道，对方内心一定会不舒服，也不愿意再继续与你交谈。

你的这种做法就是视野不够开放的表现，对外界缺乏探索心和好奇心，感觉什么都不新鲜，因此也难以激发其他人的表达欲望和分享欲望。而有探索心和好奇心的人，感觉每一天都是新鲜的、新奇的、特殊的、美好的，对新出现的概念、事物、产品、观点等也会表现出强烈的好奇心和探索欲，并期待对方可以进一步表达，由此也会引发对方的好感和表达欲望。这不仅能开阔自己的视野，还能与对方深入沟通，最终水到渠成，达成合作。

相反，如果你感觉身边什么都不新鲜，看什么都觉得是重复的、无趣的，甚至马上就做出判断，又怎么能期望别人对你的工作和事业感兴趣，主动来跟你合作、为你投资呢？双方合作的前提，一定是对彼此感兴趣的。

所以，开放的视野说的就是你的好奇心有多强、胸怀有多大、内心能装下多少东西，你能容忍多少委屈和不平。

第二，开放的格局。

我相信很多人都有过这样的经历：自己正跟别人谈论一件事

时，身边的人忽然对你全盘否定，觉得你说的是错的，甚至可能会批判你。这时，你的第一反应可能是为自己争辩，试图说服对方接受自己的观点，最后两个人甚至会为此争吵起来。

但我要告诉你的是：一旦你与对方争吵，你就输了。

我用亲身经历的一件事，告诉你该如何应对这种局面。

有一次，我代表自己的个人品牌咨询公司去跟一个投资人谈投资事项，当时这位投资人旁边还坐着一个人。我刚坐下介绍自己的公司情况，旁边的人一句话就给我否了："你这个行业根本不行，以前就没人这么干过。我告诉你，你这个公司根本干不成……"接着就给我列举了一堆行业行不通的理由。

我听着他的话，既没有马上反驳，更没有争辩，而是马上点头应答："对，是的，您说得非常有道理……不好意思，我有一个请求，我能记笔记吗？您刚才这几句话对我触动特别大，我特别想记下来。我见过很多投资人，从没有一位投资人的话让我这么震撼……"

这位投资人一愣，没想到我会这么认同他，于是立刻打开自己的话匣子，把自己过去的创业经历讲了一遍。说到后面，他已经一改之前对我的反对态度，说："我觉得你这个项目有几个方面可以不动，但要做一些调整，跟其他几个赛道建立联系。你这个项目目前在国内是没有的，这也是你最大的机会。"

你看，从一开始完全否定我的项目，到后来态度发生转变，认为这是我的机会，对方态度的转变，就在于我对他的接纳和认同，让他的情绪和心态发生了转变。这也让我领会到，**人说出来**

的话就是由他的情绪和心态所决定的。

最后，我又特别谦虚地说："听了您二位的话，我犹如醍醐灌顶。这样，我按照您二位刚才讲的，再回去重新修改一下我的方案，不知道您二位下次能不能再抽空见我一面？不会浪费二位太长时间，15分钟就行。如果二位还觉得我的方案不可行，我转身就走；如果觉得还可以，我还希望二位能再多给我一些指点。我特别希望自己的公司在未来成长的道路上能有您二位的扶持和帮衬……"

试想一下，如果你是投资人，在听完我的话后会作何反应？是继续义正词严地批判我，还是会对我最初的印象发生改变，甚至伸手支持我的项目？

这就是开放的格局带来的正面效应。

在很多人看来，"格局"就是个虚拟、缥缈的东西，似乎难以落地，"开放的格局"更是不接地气。其实说白了，**开放的格局就看你的内心能不能包容和接纳对方**。有的人做不到包容和接纳别人，尤其在别人反对自己、否定自己时，自己立刻就急了，或者干脆离开，不理对方了。这是不行的。要知道，你与对方沟通是为了达成合作，而不是赌气或吵架。而且包容和接纳对方也不是嘴上说说，是内心也要这样想。你要让对方觉得，他是能用独特视角来看待你的问题的，是能让你增加知识、增长见识的，是能补全你的认知的；你不仅认同他的观点，还对他的观点十分佩服；你从他那里学到了你以前从未学到的东西。只有这样，对方才有可能接受和认同你的观点，并继续与你深入交流，甚至最后与你达成愉快的合作。

第三，开放的表达。

过去我特别喜欢全国各地到处跑，去参加各种各样的活动，听各种各样的讲座。在这个过程中，我的认知确实提升了不少，但始终没有得到更好的发展机会。这让我很困惑。后来我才明白，这是因为我一直在听别人说，自己的嘴巴没打开，也不好意思主动与人交流，不会跟人搭讪。这种情况下，谁会主动找你，跟你合作呢？

古代时，即便一个人具有定国安邦之才和平定天下之志，但是不会说话，不主动与人结交，不向人推荐自己，不让别人看到自己的才华和能力，也难有出头之日。所以你会发现，古代那些很厉害的人也要毛遂自荐，主动向那些能给自己带来机会和帮助的人展示自己，这样才能有机会施展自己的才华和抱负。

这就是开放的表达。有了开放的表达，你才有可能获得别人的青睐，获得更多的机会。

第四，开放的表情。

以前我在跟人交往时，都是一副高冷的姿态，大家对我的评价也是"高冷"，其实我内心是很渴望与人热情交流的，只是害怕自己把握不好表情，给人留下不好的印象。

后来我发现这样不行，你越高冷，别人就越不敢接近你。为了不让自己再给人形成"高冷"的印象，我就开始练表情，自己每天对着镜子练习，表情怎么呈现得更放松、更友好，怎么笑看起来更和蔼可亲。这样一来，我再跟人沟通时就顺畅多了，大家也发现，我其实是个很风趣、很幽默的人，由此也更愿意与我结交。

第五，开放的腿脚。

大家有没有听过一类商人叫"行商"，什么意思呢？就是这类商人会挑着担子，背着布包，骑着马，不停地走在路上，寻找商机。这类商人具备的特性之一，就是有开放的腿脚。

简单来说，就是你不能只坐在家里等机会降临，而是要出去主动跟人结交，寻找机会，创造机会，找人合作。如果你一年都不出去一次，也接触不到几个人，不跟人交流互动，哪儿来的合作机会呢？

所谓的"开放"，其实就是让自己打开格局和视野，制造充分的契机，创造充分的交流环境，跟更多的人进行充分的沟通，构建充分的紧密关系。这些都是在为自己未来的合作打基础、做铺垫、找机会、挖流量池、制造可能性。如果你达不到这五个"开放"，合作就不会产生。

任何合作都是慢慢产生、慢慢形成的，在这个过程中，你要把自己变成一种磁力，把别人吸引过来。如果发现别人没过来，那就要及时反思自己，是不是格局没打开？是不是好奇心没出来？是不是说话、表情没到位？是不是不够勤快？反思之后，及时纠正。

这五个"开放"就是你吸引别人和触动别人的工具，让本来反对你的人被你征服，本来批评你的人被你吸引，才是你的真本事。

合作的前提——开放
合作是一个变废为宝的过程

包容　　　接纳

开放必须具备五个要素

第一，开放的视野
开放的视野说的就是你的好奇心有多强、胸怀有多大、内心能装下多少东西，你能容忍多少委屈和不平。

第二，开放的格局
"开放的格局"并不是不接地气。其实说白了，开放的格局就看你的内心能不能包容和接纳对方。

第三，开放的表达
不会说话，不主动与人结交，不向人推荐自己，不让别人看到自己的才华和能力，也难有出头之日。

第四，开放的表情
越高冷，别人就越不敢接近你。呈现的表情更放松、更友好，笑看起来更和蔼可亲才能获得结交。

第五，开放的腿脚
不能只坐在家里等机会降临，而是要出去主动跟人结交，寻找机会，创造机会，找人合作。如果你一年都不出去一次，也接触不到几个人，不跟人交流互动，哪儿来的合作机会呢？

交往的前提：信任、喜悦、希望

人与人交往最重要的前提是什么？

有人说是平等，有人说是尊重，还有人干脆说是利益。

从某种程度上来说，以上这些说法都没毛病，但我认为，人与人之间交往最重要的前提是彼此能够触发信任、喜悦和希望。人与人之间需要交流、需要沟通，但更需要触发。因为只有触发，才能让对方转变思路、转变角度，甚至转变心态、转变情绪与我们交流。也只有将交流、沟通的级别上升至触发时，我们才能拥有云端视角，俯瞰全局，看清事情的本质，乃至最后掌控全局，顺利达成合作。

那我们要怎么做，才能在人际交往中有效地触发信任、触发喜悦和触发希望呢？

首先，用吃亏触发信任。

说起吃亏，你可能觉得不可思议，吃亏难道还成了好事？

事实就是这样。在人际关系中，你吃的亏越多，别人越容易信任你。如果你上来就想占便宜，一点亏都不肯吃，最后对方可能干什么都会防着你，干什么也不愿意带你，那你还怎么与人交往、与人合作呢？只有傻子才一上来就占便宜，高手一定都是肯吃亏的。

举个例子。有一次，我去一家公司交流参观，到门口下车后，带我们进门的人一边引着我们往门口走，一边跟我说了一句话，当时就把我镇住了。对方非常有礼貌地说："恒先生，您是方便走左边的门，还是走右边的门？"我当时都不知道怎么回答了，心里直打鼓：进门还分左右吗？不是能进去就行吗？

就在我犹豫的片刻，对方直接把我引到了右侧的门前，并打开了门，说："恒先生，我没有征得您的同意，就请您走右边的门了。因为我觉得，喜欢走左边的人比较理性，喜欢走右边的人比较感性，而您一看就是有豪情壮志的人，所以我就请您走右边的门了。"

这还没完，等进入房间，准备用午餐时，服务人员又过来了，问我："恒先生，请问您早上吃饭了吗？您早餐一般吃什么？"我说："吃过了，早餐吃了一点儿鸡肉。"对方说："那好，一会儿咱们就不点鸡肉了，点一些其他肉类吧，咱们让一天的营养均衡一些。还有，您有什么忌口？请告诉我。"

在这个过程中，服务人员其实是可以不为你提供这么体贴的服务的，直接打开门，让你进来；坐在桌前，等你点菜，用餐，就OK了，你也挑不出什么毛病。但是，人家却愿意站在客户的角度，宁可自己累一点、费事一点，也要让客户满意。试问一下，你对这个公司的印象好不好？你下次还想不想跟这样的公司接触、合作？

这就是通过自己吃亏、费事触发对方的信任，让对方对你好感倍增，接下来对方也会带着愉快的心情跟你谈交往、谈合作，成功的概率也会更高。

其次，用气氛触发喜悦。

以前，朋友有生日聚会或各种庆祝活动叫我过去一起聚餐时，我内心都会暗讽他们。尤其是生日聚会，当朋友一本正经地许愿、吹生日蜡烛时，我就在想：这么大的人还搞这套，真幼稚！

但是现在我完全不这么想了，有时我甚至还主动去帮朋友筹划各种生日聚会。同样，在学员过生日邀请我参加时，我也会欣然参加，蛋糕一上来，我立刻欢快地拍手、欢呼。虽然蛋糕不是我买的，蜡烛不是我点的，车子也不是我推过来的，但我的声音一定是很大的。因为我发现，这样可以触发别人的喜悦，让别人更加快乐，也更容易记住你。

事实上，当事后别人回忆起这些活动时，可能并不记得蛋糕是谁买的、蜡烛是谁点的，但他一定能记得当时欢快喜悦的气氛，并且记得这种气氛之中有你的一份力量。

这就是在用气氛触发喜悦。

触发喜悦的目的，其实就是要让自己有存在感，让别人在想起一件愉快的事情时能一下子想到你。如果你在别人那里毫无存在感，别人有什么好事也想不到你，那你与人深入交往的可能性就很低。

最后，用沟通触发希望。

很多厉害的人，都是非常善于触发公众希望的，比如马斯克。在特斯拉电动汽车出现之前，电动汽车已经存在很多年了，但始终发展不起来。而特斯拉一面世，很多车主都愿意购买电动汽车了，为什么？就因为特斯拉运用自己的沟通方式触发了公众的希望，让公众更加注重舒适和流畅的驾驶体验，以及对环保的追求等。同样，马斯克还表示要用火箭把人类移民到火星上，也直接触发了人类想要登上火星的希望。所以，越来越多人信任马斯克、追随马斯克。这就是触发希望带来的效用。

不管在任何时候，你想要与人交往、合作，甚至让自己成为一个领导者，都一定要善于利用沟通来触发别人的希望。只有别人感觉跟着你干有希望时，他们才愿意在你身上投入人力、财力、物力，支持你去完成你们共同的目标。

举个最简单的例子，每个人都想长生不老，如果你对我毫无所知，我突然跟你说，我发现一种东西，这个东西开发出来后，就能让人类拥有一次长生不老的机会。但是，它的研发费用很大，你愿意跟我一起做这件事吗？

有人觉得我这样说不切实际，但我告诉你，所有的骗子都是在用触发希望的方式跟你沟通，让你把口袋里的钱主动掏出来给他，他来为你完成希望，并且他还会把希望通过一段一段的事情清晰、具体地给你描述出来。为什么那么多人会上当受骗？就是因为他们被骗子触发了信任、触发了希望，最后心甘情愿地拿出自己的钱交给骗子。

当然，我们不能用这种方式去骗人，但触发希望却是一个可以与人建立交往、赢得信任与合作的重要前提。

这个世界上最有意思的事情就是显而易见的事情，你看不到，说明你的级别不够、段位不够，所以你需要不断提升自己的级别和段位，让自己成为一个能够站在云端视角，掌握高级技能的人。在这个过程中，你需要不断学习如何去触发别人的信任、喜悦和希望。但触发别人也同样需要段位，有的人需要在现场才能触发，有的人靠声音、靠文字，甚至靠表情就能触发别人。实际上，这些触发背后都有一个共同的逻辑，就是沟通。

亚里士多德曾指出，人与人之间建立连接最重要的一点，就是说话者跟听众在感觉、渴望、希望、恐惧和激情上建立连接。这其实就相当于给了对方一颗定心丸，让他们知道你值得信赖，能为他们带来喜悦和希望，由此也更愿意打开心门跟你沟通，甚至主动与你合作。

交往的前提：信任、喜悦、希望

人与人交往最重要的前提是什么？

希望 ——————— 喜悦

信任

如何触发交往底牌

首先，用吃亏触发信任。
通过自己吃亏、费事触发对方的信任，让对方对你好感倍增，接下来对方也会带着愉快的心情跟你谈交往、谈合作，成功的概率也会更高。

其次，用气氛触发喜悦。
触发喜悦的目的，其实就是要让自己有存在感，让别人在想起一件愉快的事情时能一下子想到你。

最后，用沟通触发希望。
不管在任何时候，你想要与人交往、合作，甚至让自己成为一个领导者，都一定要善于利用沟通来触发别人的希望。

人际关系中的"石头剪刀布"

经世之本,识人为先;成事之本,用人为先。

这是历代成功之人必须遵循的一个规律。

我们小时候经常会玩一种游戏,就是"石头剪刀布",这个游戏中就蕴含了一个客观规律:这个世界上的很多东西并没有大小之分,大就是小,小就是大,大小互相成为一个循环。

人际关系当中就存在着"石头剪刀布"所蕴含的循环规律,有人是石头,有人是剪刀,有人是布。举个最简单的例子,在一个幸福的家庭当中,往往是妈妈管着爸爸,爸爸管着孩子,而孩子最后可能还要管着妈妈。这就是人际关系中一个非常简单,却非常厉害的循环。

这种情况在朋友当中也很常见,比如有的人你拿他一点办法都没有,但另外一个人却能把他管得服服帖帖的。而在某些方面,另外这个人可能还会听从你的一些建议。

为什么会有以上这种情况?你想过原因吗?

这其实就是一种心理状态，或者叫心理喜好程度，是难以用理性的办法来分析的，我们也可以认为这是一种能量之间的互相制衡。它同时提醒我们，**想要获得稳定的人际关系，必须先对心理关系进行梳理，而心理关系就是"石头剪刀布"。**

在日常生活当中，随时随处都存在着各种各样的博弈游戏，但是在人际关系中，心理才是最终的博弈游戏。比如说，你要跟一个女孩谈恋爱，那么你可能要先跟女孩的闺密成为朋友，这样你一旦跟女朋友吵架了，她的闺密就能在她面前替你说几句好话，帮你化解巨大的危机。结婚后，你还要跟女孩的爸爸妈妈搞好关系，把岳父岳母照顾好了，万一你跟老婆吵架，岳父岳母肯定会帮你在边上做做思想工作。

这样一来，在你看中的人身边，在你爱护的人身边，甚至是在你仰仗的人身边，你就已经做好了"石头剪刀布"的布局，而这个布局也一定会在必要的时候发挥效用。

我的一位朋友家里有一个宝贝，这个宝贝就是他家的厨师阿姨。这个阿姨有一项绝活，就是蒸的包子特别好吃，我们吃过的人去跟着学，怎么学都做不出她做出来的那种味道。每次这位朋友家里去了一些比较重要的人物，他都要请阿姨给大家蒸包子吃，大家吃着香，聊起来也更开心。你可能难以想象，很多跟这位朋友熟悉的企业家甚至专门"借"这位阿姨去他们的家里给他们蒸包子。

在这段人际关系中，这个会蒸包子的阿姨就成了"石头剪刀布"中的一个环节，帮助我这位朋友维系了他的人际关系。你看，这是不是很有趣?

"石头、剪刀、布"三者在人际关系中缺一不可,如果只有两个,缺少一个,这个游戏玩起来就很无趣。比如,只有石头和布,你出石头,他出布;或者你出布,他出石头,彼此之间总有一个赢一个输。但是你想赢,对方也想赢,你们的游戏就会陷入死局。而一旦剪刀出现了,这个死局就会被打破,你们的关系也会因此而变得灵活起来。

所以,我们要认真对待自己人际关系中的"石头剪刀布",它是你的人际关系的一种循环。**有的人可能在一件事上成了你的拖累,但在另一件事上可能就会起到关键作用,帮助你获得胜利。**

明白了这个道理后,你就会发现,自己的身边其实都是好人,没有坏人。因为他们和你一样,可能是石头,可能是剪刀,也可能是布,彼此之间可以互相支持、互相支配、互相支撑,也可以互相借用、互相开心、互相喜悦。这是人际关系中最美好的状态。

《道德经》中有句话,叫"水善利万物而不争",意思是说:至高的善德善举就像水的品性一样,默默滋养着世间万物而不争强斗胜。如果你想获得良好的人际关系,想让身边的人为自己所用,自己就要像水一样,不跟任何人急,不跟任何人争,也不给任何人留下不好的印象。有人可能觉得这样太累了,其实如果你懂得了"石头剪刀布"的原理后就会发现,做到"水善利万物而不争"一点都不累。**因为人与人之间的任何关心、帮助和友好都是一个相互循环的过程。**你今天的付出,明天可能就会成为你的收获。

人际关系中的"石头剪刀布"

经世之本,识人为先;成事之本,用人为先

人际关系当中就存在着"石头剪刀布"所蕴含的循环规律,有人是石头,有人是剪刀,有人是布。

人际关系中的博弈

想要获得稳定的人际关系,必须先对心理关系进行梳理,而心理关系就是"石头剪刀布"。

有的人可能在一件事上成了你的拖累,但在另一件事上可能就会起到关键作用,帮助你获得胜利。

人与人之间的任何关心、帮助和友好都是一个相互循环的过程。你今天的付出,明天可能就会成为你的收获。

把敌人搞得少少的，把朋友搞得多多的

人类为什么强大？

人类懂得合作，合作就会变得强大。

小时候我们学过进化论，其中告诉我们一个道理，叫"物竞天择，适者生存"。为此，家长、老师们都教育我们要努力学习，争夺班级的前几名，只有名次靠前，以后才可能有出息，才会赢得别人的尊重。但长大后我们发现，往往是班级排名最后的几名同学在一起玩得特别好，而前几名的关系都只停留在表面，大家见面后也只是彼此寒暄，却不会深入交往，关系远不如排名最后的几名同学间的关系好，他们之间的感情甚至可以延续到工作和生活当中。

这个世界上每时每刻都有物种灭绝，灭绝的物种里有75%都是不合作的物种。很多强大到一巴掌可以拍死其他物种的动物，也可能会因为不懂得合作而消亡。而一些群居动物，如蚂蚁，反而可以存活很长时间。还有很多植物，比如生长在深山中的大树

都有树冠边界，在长成参天大树后，树冠与树冠之间也都是有连接的。**生存靠的是群体，靠个体完全没办法活下去，依靠群居反而能在地球上活得更久。互助性强的生物得以延续，互助性弱的生物终将灭绝，这是大自然的规律。**

人类之所以能存活到今天，就是因为懂得合作、互助的重要性，合作和互助也是人类生存和发展的主题。互助是高于竞争的，也高于不跟别人竞争，它是一种互相帮助、互相成全、互相成就的概念。有的人认为自己一辈子不跟别人合作，获得的成就都是靠自己争取来的，这种观点是完全错误的。互助是人类的一种本能，就像一个人在你面前摔倒，你本能地想要去扶起他一样。在有意或无意之中，你就帮助了别人，别人也帮助了你。

互助也是人类获得回报的定律，贪婪是付出更多的定律，两者所拿到的结果是完全不同的。很多人一心想把自己变强，这也是我们从小就接受的一种教育，但我告诉你：**这个世界上最愚蠢的方式，就是想方设法把自己变得更强。**因为只想着把自己变强的人是体会不到与人合作的快乐的，反倒更容易迷失在自己跟自己较劲的过程当中。

懂得互助、合作的重要性，可以影响你的世界观和做事的方法论，影响你在人群之中的定位。如果过去你总是从竞争出发，那么现在的进步就应该从合作出发，去处理人与人之间的关系，学会跟人打交道，这是一件很难的事，并且不是别人能教会你的，需要你不断地去经历、去吃亏、去磨炼，但这却是你更好地立足世界的法则。

相比之下，竞争倒是容易得多，想跟别人争什么，直接就去与对方对抗，比如国与国之间的战争。可是，**战争是因为竞争而起，却是因为合作而胜的。**如果想赢得战争，就必须先学会合作，而不是竞争。

在绝大多数人的思维当中，**"抢"是一种思维，"合"也是一种思维。**但我告诉你，"合"的思维是不对的，因为"合"的思维不是合作思维。合作思维是"给予"的思维。与世无争、无所求，那都不是合作思维。只有联合起来，互相给予，互相援助，才叫合作思维。

有人可能会说，自己也想跟人合作，可是那些厉害的、想与之合作的人却不肯理会自己，自己总是拿热脸去贴别人的冷屁股，这该怎么办？

你应该听说过刘备三顾茅庐请诸葛亮的故事吧？既然你想跟人合作，就要有足够的诚意。要知道，不光你有竞争思维和竞争逻辑，其他人也有。合作的基础是互助、互援，必要时你可能要通过付费的方式来表达对对方的重视。光谈感情，不肯付费，不肯下血本，是很难有效果的。

说到这儿，也有人可能会提出疑问：既然合作这么重要，那是不是竞争就不重要了？

当然不是。合作固然重要，但其实既合作又竞争才是发展最快的，人是如此，企业也是如此。比如对于企业来说，**小型企业只谈竞争，不谈合作，因为小企业没时间去找人合作，也没有更好的资源和筹码去跟人合作；中型企业既竞争又合作；而大型企**

业只谈合作，不谈竞争，看到好的企业就想收购、并购和合作。

你知道与比尔·盖茨合作最长的公司是哪家吗？是 IBM 和英特尔。比尔·盖茨的微软与 IMB、英特尔三家公司，在近五六十年的时间内都是合作关系。一家提供软件，一家提供芯片，一家提供硬件，三家公司联合在一起，干掉了行业里 50% 以上的竞争对手。试问一下，如果三家公司不合作，而是互相竞争，我看你的软件好，我就自己开发个软件，看他的硬件好，就再开发个硬件，那么三家公司哪家能发展到现在的规模？

这就是合作的意义和价值，理解了这一点后，你的人生就会变得更加简单，你也可以彻底改变这个世界的某些规则。不管是商业、战争，或者是其他的，彼此之间都是竞争与合作的共同体。而相比之下，合作又比竞争更重要，因为大部分人会竞争，却不一定会合作。合作本身就是一种很厉害的本领。如果把人生当成一场战争，你学习的过程就相当于战前准备，你需要在其中花费大量的时间和精力；而学会合作，你就有资格和能力去使用别人的时间。即使你真的想学习，也要学习如何使用别人的时间，而不是自己的时间。你使用别人的时间越多，你用到的人就越多，集体效能获得的结果也越多。

所以，**穷人和富人最大的区别就是：穷人在努力地不让别人使用自己，而富人则在努力地让全世界都使用自己。**如果你不懂得这个游戏规则，你的一切努力获得的结果都是反的。就像普通人与厉害的人的最大区别，两者面对事物、面对未来的出发点和结果都是反的，因为出发点决定了最终的结果。你是生产车轮的，我是生产车厢的，你的车轮和我的车厢单独卖的话，可能只有500块钱的价值；但如果两者组合在一起，组装成一辆车来卖，可能就会创造5万块钱的价值。同样，如果有100个人、1000个人、10000个人与你合作，你们共同创造出来的价值是不是更大？

真正会规划人生的人，初期可以一个人干，中期就要两个人干，到后期就要一群人干，大家一起合作。 不管是企业、军队，甚至是国家，都要遵循这样的逻辑。只要你想把事业干大、干好，就要强调合作。只有持续的合作，你才会真正不断地变大变强，直到你的对手都干不过你。**这个世界上最狠的人，就是能把自己竞争对手的合作伙伴都合作过来的人，让竞争对手在市场上一个合作伙伴都没有。**

合作，可以帮你把敌人搞得少少的，把朋友搞得多多的。 未来，人与人之间、企业与企业之间、国家与国家之间，都会越来越讲究合作互助，竞争思维会逐渐衰退。**竞争只是在布线，合作才是在布局。**

人并不是懂的知识越多越好，关键在于底层思维要建设好，因为它决定了你看待事物的高度。具有不同底层思维的人，所获得的结果也是不一样的。但最终的错误不在信息本身，而在于你自己的思维系统。

把敌人搞得少少的，把朋友搞得多多的
人类懂得合作，合作就会变得强大

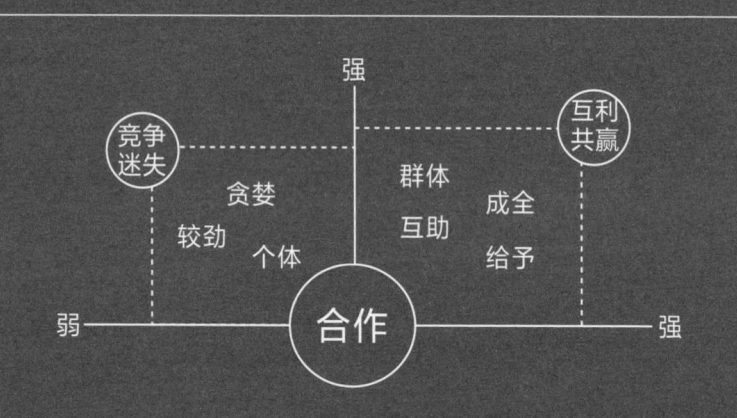

```
                        强
        竞争                          互利
        迷失                          共赢
              贪婪        群体
              较劲  个体  互助  成全
                              给予
    弱 ─────────── 合作 ─────────── 强
```

合作共赢思维

生存靠的是群体，靠个体完全没办法活下去，依靠群居反而能在地球上活得更久。互助性强的生物得以延续，互助性弱的生物终将灭绝，这是大自然的规律。

小型企业只谈竞争，不谈合作，因为小企业没时间去找人合作，也没有更好的资源和筹码去跟人合作；中型企业既竞争又合作；而大型企业只谈合作，不谈竞争，看到好的企业就想收购、并购和合作。

这个世界上最愚蠢的方式，就是想方设法把自己变得更强。

如何触达更高人脉圈层

人最应该学会的不是知识，不是逻辑，不是方法，也不是经验。
人最应该学会的是如何与这个社会上有资源的人打交道。

我有一套理论，名为"自行车理论"。自行车有两个轮子，人在骑车时，前后轮一起转动，才能让自行车保持平衡前进的状态。

假如自行车没有前轮，你觉得会出现什么情况？

自行车没有前轮，就没有了方向，不知道该向哪个方向前进。所以，自行车的前轮就是寻找方向的。代入我们的人生当中，假如自己就是那辆自行车，那么能够为我们指引方向的"前轮"是什么呢？

就是我们生命中的那些贵人。

很多人觉得，自己的命运掌握在自己的手里，也应该靠自己的努力去改变。我曾经也是这样想的，并且努力地去改变自己的命运。我也见过更多努力的人，都在试图通过自己的力量改变命运。但最终我发现，当一辆自行车没有前轮的时候，它是永远找不到正确方向的，更找不到让自己变得顺利的路，甚至还可能走错路，导致之前的努力全部白费。

所以，**在你的人生之路上，自行车的前轮决定了你的方向，而后轮则是你要依靠的本领。**

那么，后轮代表的"本领"又是什么呢？是你的学历、专业，还是过去取得的成绩？都不是。后轮就是你在人际关系和跟随那些有能力、有资源的贵人交往过程中的表现，我把它总结为六条规矩。

第一，穿着要整洁，做事要得体。

如果你整天穿得邋邋遢遢的，你再有本事、再热情，也没有人愿意带你出去见识更多的人和更大的世面。所以，平时穿着干净、整洁，是对维持人际关系最基本的要求。

同时，在跟随贵人过程中，不要做一些超越贵人身份或能力的事情。比如，你的贵人开了一辆不错的车子，而你为了证实自己的实力，跟对方一起出去应酬时，开了一辆比对方的车子还要好的车，你觉得这得体吗？

当你需要跟随别人一起去接触更大的人脉圈层时，你所有的状态都要得体。先让别人舒服了，后面你才会舒服。

第二，学会支付自己。

支付自己，就是要能在对方面前受得了委屈，清楚地知道自己的目标是什么。

我曾看过一个岳云鹏的专访，他在里面讲述了自己成名之前的一些经历，比如跟着师父学相声期间，经常在后台搬桌子、扫地，做各种杂活，直到学到真本领登台表演。简单来说，你是学本领来了，在这期间你肯定会不可避免地付出一些辛苦。但只要对方肯带你、肯帮你、愿意教你，你的付出就是值得的。

第三，不炫耀，不邀功。

跟随在贵人身边，做任何事情都不要总想着表现自己，更不要老想着炫耀、邀功，把一件事描述得多复杂，甚至故意让你的贵人听到你做这件事有多不容易。换位思考一下，你喜欢一个天天跟在你身边炫耀、邀功的人吗？如果你不喜欢，那么你的贵人更不喜欢。

记住，你所有的默默付出都是在为自己积攒财富、积攒机会。过于表现自己，反而会让你的付出大打折扣。

第四，有礼貌，有分寸。

在与人交往的过程中，不论是在公司里见到领导、同事、下属，还是在外面见到自己的客户、贵人，都要做到有礼貌、有分寸。因为在很多时候，人与人之间交往并不是先谈事情，而是先看礼节，所谓"做事先做人，做人先知礼"，就是人际交往中最关键的因素之一。当别人感受到你的礼貌和对他的尊重，就会迅速对你产生好感，也更愿意与你进一步交往。这时，他们在其他方面才更容易认可你，有好的机会也才有可能想到你。

第五，多塑造经典时刻。

什么叫"经典时刻"？

就是你在跟贵人交往的过程中做出来的一些很漂亮、很拿得出手的事。通过这些事，可以让对方看到你的办事能力，看到你表现出来的格局、气质等，由此他们也更加认可你，后期也才有可能把更多的好机会给到你，甚至把你带入更大的人脉圈中，让你结识更多有能力的人。

第六，努力做到"宿主绝杀"。

玩过游戏的朋友应该知道，"宿主绝杀"的意思是取得胜利，或者达到最后的胜利。

"宿主"不难理解，在生物界中，它指的是那些为寄生生物提供生存环境的生物。比如，大鲨鱼的身边经常会游走着一些小鱼，但这些大鲨鱼并不会吃掉这些小鱼，还允许这些小鱼捡食它们吃剩下的食物残渣。这种情况就是大鲨鱼与小鱼的共生状态，大鲨鱼就是小鱼的宿主。大鲨鱼允许小鱼存在，帮助它们清理身边的各种残留物质，小鱼则依靠大鱼填饱肚子，两者是互相依靠的。这就是"宿主绝杀"。

如果你能在自己的贵人身边做到"宿主绝杀"，与对方形成相互依赖的关系，那么你的贵人一定不会放弃你，并且愿意带着你进入更好的人脉圈层。

掌握了以上这套"自行车理论"中的逻辑后，你就会发现，你用再多的力气，付出再多的努力，没有"前轮"的带动，你也会难以走远。反之，有了"前轮"的带动和"后轮"的表现，你才能快速脱离自己目前的圈层，触达到更高圈层中的贵人，并获得他们的帮助和提携。记住：**想要触达到更高的人脉圈层，与更多有认知、有能力的人交往，一定是通过你们所经历的事情来决定最后的关系的。**

如何触达更高人脉圈层

人最应该学会的是如何与这个社会上有资源的人打交道

```
    本领          有能力          方向
    表现         人际关系         贵人
                 有资源
```

在你的人生之路上,自行车的前轮决定了你的方向,而后轮则是你要依靠的本领。

六条规矩

第一,穿着要整洁,做事要得体
平时穿着干净、整洁,是对维持人际关系最基本的要求。

第二,学会支付自己
支付自己,就是要能在对方面前受得了委屈,清楚地知道自己的目标是什么。

第三,不炫耀,不邀功
所有的默默付出都是在为自己积攒财富、积攒机会。过于表现自己,反而会让你的付出大打折扣。

第四,有礼貌,有分寸
所谓"做事先做人,做人先知礼",就是人际交往中最关键的因素之一。

第五,多塑造经典时刻
通过跟贵人交往的过程中做出来的一些很漂亮、很拿得出手的事,可以让对方看到你的办事能力,看到你表现出来的格局、气质等。

第六,努力做到"宿主绝杀"
做到"宿主绝杀",与对方形成相互依赖的关系,你的贵人一定不会放弃你,并且愿意带着你进入更好的人脉圈层。

建立自己的人际"谷仓"

人际关系就像一个谷仓。

如果你能把自己的谷仓填满,没有粮食时就可以随时进去取;相反,如果你的谷仓是空的,遇到困难你就只能"饿肚子"。

美国社会学家马克·格兰诺维特提出,人际关系网络可以分为强关系网络和弱关系网络。其中,强关系是指个人的社会网络同质性较强,人与人之间关系紧密,有很强的情感因素维系;弱关系是指个人的社会网络异质性较强,但人与人之间的关系并不紧密,也没有太多的情感维系。

除了以上两种关系外,我还总结了一种人际关系,我给它取个名字叫"冷关系"。意思是说,你的人际关系已经处于沉睡状态,几乎已经不与你产生关联了。

在你的人际关系中,如果你的强关系最多,那么你一定是个很厉害的人;如果你的弱关系最多,那么你只能算是个一般人;如果你的冷关系最多,平时很少有有效的人际关系往来,那么你就是一个非常普通的人了。

在生活和工作当中，人际关系非常重要，甚至可以超过你的能力所起的作用。美国斯坦福研究中心有一项调研显示，在一个人成功的因素当中，人际关系占88%，知识占12%。可想而知人际关系有多重要。

我一直认为，人际关系就像是我们自己家中的谷仓一样，想要不饿肚子，平时肯定要积极地去建设自己的谷仓，让里面有米、有面、有肉、有油，这样用的时候才能随时从里面取出自己需要的东西。简而言之，我们要让自己的"谷仓"里面有各种各样的人，随时随地能为我们提供帮助。有些人的"谷仓"里只有自己的家人，比如爸爸妈妈、老婆孩子、兄弟姐妹，除此之外连朋友都没有几个。那我告诉你，你的"谷仓"在必要的情况下很难为你提供太大的帮助。

一个人的最佳能力是什么？**是能够融入不同的圈子当中**。但是，绝大部分人生活在一个小圈子中，一年中经常联络的可能也就二三十个人；只有少部分人生活在大圈子中，每年可能要联络一两百人。如果你的圈子太小，平时接触的高认知的人太少，那么你的见识、认知等都很难有提高的机会。

大家都听说过这样一句话，叫作"选择大于努力"。也就是说，**你目前的状况，你所取得的成就，大都是你选择的结果**。如果你现在生活窘迫，甚至陷入困境，便是你的选择所造成的结果，并且还不能靠努力来改变。即使你付出很大的努力，也很可能是在一条错误的道路上越走越远。这也提醒大家，**在生活和工作中**

应该多学习如何做选择，而不是学习怎样努力。

在人际关系方面，我们同样要学会做选择，这样才有可能建立更多的强关系。比如，你要请一个朋友吃饭，而朋友毫不顾忌地带了另一个人过来跟你一起吃饭，这时你会怎么做？

有的人可能会非常坚决地拒绝，不希望朋友再带其他人来，这说明你是一个人际关系比较封闭的人；而有的人则会抱着非常开放的态度，欢迎自己的朋友带着其他朋友过来一起吃饭，并希望朋友能介绍他的朋友给自己认识，这说明你在人际关系方面是个很积极的人，你的人脉圈也会非常广，你的"谷仓"也会因此而逐渐被填满。当你有一天需要从"谷仓"中取粮食时，也可以第一时间取出自己所需要的。

一个人成就的边界，取决于自己人际关系网的边界，而不是自己努力的边界。 举个最简单的例子，假如你是某重点大学的博士生，现在我把你拉到一个生活着3000多人的村子当中，从此你一辈子都生活在这里，接触的人也只有这个村子里的村民；同时，我再把一名本科毕业生放在一个有着3000万人口的大城市中。你觉得，你与这名本科生谁更有可能做出一番成绩？

如果不出意外的话，我相信这位本科生比博士生更有可能出人头地。因为博士生在村子里接触的人群非常有限，人际关系面也非常狭窄，在这种情况下，就算你有满腹学识，也可能无处施展。相反，本科生身处大城市中，可以有更多的机会建立自己的人际关系网络，只要他不是一个特别封闭的人，就可以接触到更多有高认知、高学识和广泛人脉的人，由此也可以获得更多的成功机会。

所以,如果我们把自己当作商品的话,就一定要把自己放到一个大的市场当中,让自己在这个大市场当中找到自己对应的位置和角色。

在这一点上,我是非常佩服毕加索的。毕加索在19岁时孤身一人去闯荡巴黎艺术圈,没想到他的画一幅也卖不出去。眼看就要流落街头时,毕加索灵机一动,找来一群大学生,每天到市场上规模较大的画店里去转悠,并且急切地问画店老板:"请问这里有毕加索的画作吗?"老板一开始根本不知道毕加索是谁,那些大学生就故作惊讶地说:"你连毕加索都不知道?"随后便假装无奈地摇摇头,转身离开。

后来,越来越多的人都在打听哪里能买到毕加索的画,大家也都想见一见毕加索本人,看看他到底是何方神圣。毕加索感觉时机成熟了,才带着自己的作品去参加画展,结果他的画被各大画商一抢而空,溢价好几十倍。

相比之下,凡·高的日子就没那么好过了。他一生都生活在贫困潦倒之中,一辈子只卖出了一幅画,还是他弟弟帮忙推销才卖掉的。而他的观念就是"等人发现我这个天才"。

所以,我希望大家多学毕加索,不要去学凡·高。我们既然生活在人群当中,就要去理解人际关系、建立人际关系。**人际关系网络是一个人生存和生活的基本盘,没有这个基本盘,你干什么都没人理解你、没人帮你,甚至都没有人愿意使用你。**如果你的基本盘越来越多,就相当于你有了巨大的流量,你的"谷仓"

越来越满，你会被更多人接受、认可和喜欢，你也将因此而获得更多的上升机会。

如果你的人际圈子很小，那么你只能被动地做选择；如果你的人际圈子足够大，你就拥有了更多的主动选择权。 很多人经常说，自己做事连选择的权利都没有。为什么会没有选择的权利？原因就在于你没有把更多的选项放入自己的"谷仓"当中，"谷仓"中的可选项太少，或者根本没有东西，你又怎么可能拥有选择的权利呢？

建立自己的人际"谷仓"
成功的因素当中,人际关系占 88%,知识占 12%

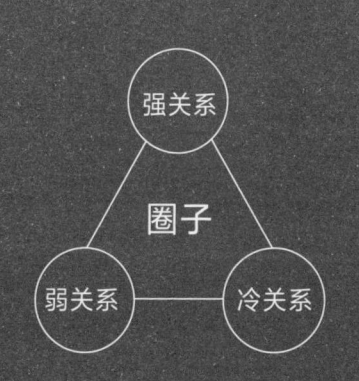

```
        强关系
       /      \
      /  圈子  \
     /          \
  弱关系 ——— 冷关系
```

你的强关系最多,那么你一定是个很厉害的人;如果你的弱关系最多,那么你只能算是个一般人;如果你的冷关系最多,平时很少有有效的人际关系往来,那么你就是一个非常普通的人了。

人际关系就像一个谷仓

如果你能把自己的谷仓填满,没有粮食时就可以随时进去取;相反,如果你的谷仓是空的,遇到困难你就只能"饿肚子"

一个人的最佳能力是什么?是能够融入不同的圈子当中。

一个人成就的边界,取决于自己人际关系网的边界,而不是自己努力的边界。

如果你的人际圈子很小,那么你只能被动地做选择;如果你的人际圈子足够大,你就拥有了更多的主动选择权。

复盘时刻

1. 会做没用的事的人，往往更容易把有用的事做好、做大。

2. 在人生旅途中，智商决定一个人的起点，而情商决定了一个人能够走多远。

3. 圣人做事都是藏而不露的，只有愚人才会什么都让人知道。

4. 高手一定是看起来有些傻的，只有假装高手的人才会显得很精明。

5. 你的系统不够高级、不够复杂，却非想玩大型游戏，最后只能导致自己死机。

REPLAY

6　人说出来的话就是由他的情绪和心态所决定的。

7　经世之本，识人为先；成事之本，用人为先。

8　穷人和富人最大的区别就是：穷人在努力地不让别人使用自己，而富人则在努力地让全世界都使用自己。

9　人最应该学会的不是知识，不是逻辑，不是方法，也不是经验。人最应该学会的是如何与这个社会上有资源的人打交道。

10　如果你的人际圈子很小，那么你只能被动地做选择；如果你的人际圈子足够大，你就拥有了更多的主动选择权。

Part 3

突破困局

做不断进化的人

聪明的人
会在别人的否定当中
不断获得成长，
而愚钝的人
会在别人的否定当中
不断装备自己。

做进化人,而不是固化人

真正牛的人不是实力强的人,而是拥有进化思维的人。

在我们身边常常存在两种人,一种叫固化人,另一种叫进化人。这两种人之间有一个最大的区别,就是固化人的大脑是固化的,对新鲜事物的理解也是建立在自己原有的认知基础之上,并习惯用自己过去的经验来解决问题,很少会关注外界事物和环境的变化。他们最不能让人接受的,就是他们经常会进行过度的自我防卫。

在心理学上,自我防卫也叫习惯性防卫,指的是在接触与自己认知不同的新鲜事物时,或是遇到别人质疑时,下意识地逃避或反驳。我们身边就有这样的人,尤其是当一个人混得不好,或者经历一些低谷的时候,他就会非常不自信、自我怀疑,甚至会产生一些自卑心理。这类人只要一张嘴说话就在为自己辩解:辩解自己没有错,试图掩饰自己的过失;辩解自己在某件事上付出多大的努力,而不会关注结果怎么样;辩解这件事的责任不在自己,而是别人的责任……他们一直在试图用这种方法证明自己,而不是表达一个事实。

我经常遇到这样的人,如果我跟他说:"你在这件事上做得不是很好。"他立刻就会跟我说:"你不知道,我为了完成这件事,三天没睡觉,每天都在不停地思考这件事,我还找了十几个人帮忙……"

这类人的思维模式中就有一些固化的东西,只要发现别人说的跟自己想的不一样,或者觉得别人说得不对,就会马上反驳,试图说服别人接受自己的观点或解释。殊不知,他每反驳一次或解释一次,就给自己加一个自我保护的"外壳"。久而久之,他的"外壳"越来越厚,也越来越难以接受外面的新鲜事物。

其实在我看来,这些辩解都属于无效沟通,因为这完全不能解决当前面对的问题。如果你面对的是自己的老板,或者是段位比你高的人,你刚一张嘴解释,对方就知道你的问题出在哪里了。老板之所以能当老板,高手之所以成为高手,就是因为他们能看到普通人看不到的东西。你的一个眼神、一句话、一个动作,对方就能洞悉你是什么样的人,也知道你背后隐藏的是什么。

面对段位比你高的人,真诚是你唯一需要做的事情,而且不需要解释。你只需要拿出直接的表达状态,向对方诚实地表达自己的观点就可以了。不要为了推卸责任而表达,也不要为了掩饰自己的错误而表达,更不要为了维护自己的面子而表达,用最接近真相的方式去表达。否则,你就永远无法成长。

所以,如果你不想让自己成为固化人,不想让自己成为一个优秀的"脱口秀演员",而是成为一个优秀的人,就要勇敢地放弃辩解,用真诚的态度面对自己、面对他人。当然,这是件很难的事,我曾经也陷入这个困境之中。尤其当时我很贫穷,自尊心很强、爱面子,要让这样一个我放弃解释,就等于让我放弃了自尊、放弃了面子,那是件非常让人难受的事。但最终我还是战胜了自己,摆脱了固化人思维。结果我发现,当我不再为了面子、为了自尊而对问题、错误等进行过多的辩解时,我看到的世界要比以前大多了,我的格局、认知也都比以前有了大大的提升。

这就是进化人思维。当你拥有了进化人思维,你就会**对外界事物充满好奇心和探索欲望,同时你也会更有同理心,对一切事物、一切知识都保持开放和兼容的态度**,并且相信这个世界上永远会有另外一种解释、另外一个样子,任何事物都可能存在"黑天鹅"现象。

在与人打交道时,你就可以运用这种方法来观察身边的人。如果一个人面对一个新事物、新观点直接反对或否定,或者面对错误时直接为自己辩解,那么他大概率属于固化人思维;相反,如果有的人对新事物、新观点表示欢迎、认同或接纳,或者犯错后积极从自己身上寻找出错的原因,积极寻求解决方法,那么他就是进化人思维。与具有进化人思维的人打交道,你们彼此都可以获得进步和成长。

记住:**聪明的人会在别人的否定当中不断获得成长,而愚钝的人会在别人的否定当中不断装备自己。**这是两种完全不同的活法。

如果你发现自己也有一些固化人思维,并且想尽快摆脱,那就不要太在意所有人的想法。因为在人生当中,不可能每个人都理解你,你做的事也不可能永远都正确。如果你能让每个人都理解你,或者把每件事都做正确,那你就不是人,而是神仙了。这个世界没有绝对正确和绝对错误的事,只要你把这些事看透,就会发现,这个世界上所有的事都是好事,都可以促使你不断成长、不断进步、不断提升认知。我们没必要在所有事情上面都追求正确无误,或者追求别人的理解和认同,我们只需要追求自己不断成长就可以了。

把希望放在别人身上,你会选择等待,选择求认同;把希望放在自己身上,你就会选择奔跑,选择提升认知,选择去看更大的世界。

做进化人,而不是固化人
真正牛的人不是实力强的人,而是拥有进化思维的人

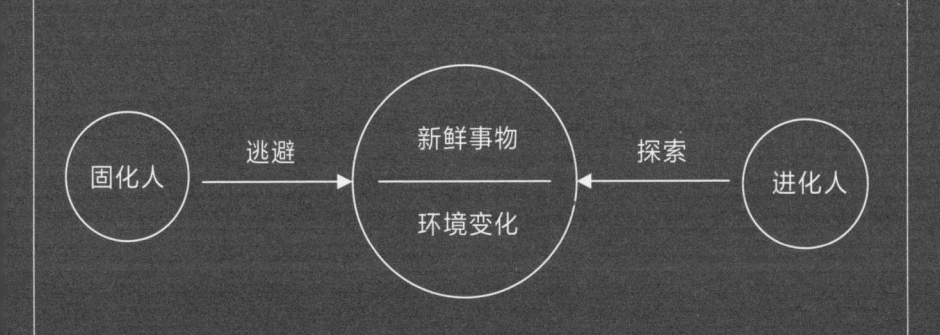

```
固化人 →逃避→ 新鲜事物 / 环境变化 ←探索← 进化人
```

成为进化人

面对段位比你高的人,真诚是你唯一需要做的事情,而且不需要解释。

当你拥有了进化人思维,你就会对外界事物充满好奇心和探索欲望,同时你也会更有同理心,对一切事物、一切知识都保持开放和兼容的态度,并且相信这个世界上永远会有另外一种解释、另外一个样子,任何事物都可能存在"黑天鹅"现象。

聪明的人会在别人的否定当中不断获得成长,而愚钝的人会在别人的否定当中不断装备自己。

跳离固定型思维

现在有些人动不动就说自己要换赛道,还经常把"树挪死,人挪活"挂在嘴边,好像这样才能显得自己更适合这个快速发展的时代一样。

这些话都没错,但有个重要前提,就是你不能被短期主义裹挟,甚至被带入一个凡事都追求快感和短期利益,忽视长远发展与未来契机的误区,导致做什么事都浅尝辄止,不肯付出足够多的时间,也不愿意用心深耕。

世界上的人一般具有两种思维方式,一种叫固定型思维,另一种叫成长型思维。固定型思维认为个人能力是固定的,无法改变,并且看重眼前利益;而成长型思维则强调个人的成长与发展,认为能力可以通过努力和学习而获得提升,并且更看重长远利益。这两种人最大的区别就是认知不同。

关于固定型思维,有个人非常有代表性,他就是美国网球明星约翰·麦肯罗。麦肯罗当时可谓红极一时,也获得过世界冠军，但他的运动生涯并不长，因为他的脾气太臭，每次打球都要发脾气。当时的比赛中，网球场会准备一些木屑，目的是让运动员吸干手上的汗。有一次，麦肯罗因为不喜欢木屑的样子，就愤怒地用球拍掀翻了装满木屑的容器，还大骂他的经纪人："你管这个叫木屑？这看上去简直就像老鼠药！你不能把事情做好一点吗？"无奈之下，经纪人只好跑出去，重新买来一罐新鲜的木屑给麦肯罗。

具有固定型思维的人，喜欢把一切责任都推给别人，比如麦肯罗。一旦心情不好，或者球没打好时，他就责骂身边的人，认为他们没有服务好他。在比赛失败后，他又无法接受自己的失败，甚至一次次强调自己的失败与自己的能力、天赋不匹配。这种思维方式很容易让人产生负面情绪和怀疑自己的能力，甚至导致意志消沉、自我否定和自我放弃等问题。

我以前也是个脾气很坏的人，有时遇到不顺心的事情，瞬间就会爆发。我那时甚至认为发脾气就是我的一种工具，因为我发现，我一发脾气很多道路都畅通了，比如没人再跟我争论，很多人不再跟我计较，甚至会让给我一些利益。

但后来我发现，我掉入一个陷阱当中，几乎与世隔绝了，无法再与身边的人进行深度的沟通与交流。这种状态持续了很长时间，直到因为一件事，我彻底改变了自己。那次，我又因为一些小事跟一个人发脾气，没想到对方发的脾气比我还大。我一下就愣住了，脑海中立刻出现一个念头：这不就是我在别人眼中的样子吗？无礼、咆哮、没有逻辑。所以，等对方发完脾气后，我立刻握住他的手，对他说："谢谢你，今天你给我上了一课。"

就是在那一刻，我完全清醒了，认识到我不能再让自己深陷于固定型思维之中，因为这会让人形成一定的路径依赖，只要自己遇到问题，立刻就想到用这一路径去解决，而不会发散性地思考问题。而一旦形成路径依赖，你的成长也就随之停止了，你不会再成为一个不断向上、不断成长、不断改变的人了。

既然固定型思维不利于我们的成长，那我们该怎样跳离固定型思维，获得成长型思维呢？

我的建议就是，**我们要让自己做一个长期主义者，而非短期主义者**。我曾在讲课中给短期主义者设定了一个标签，叫作投机分子，并且我在讲课中一直强调一个价值观：**你要不断提升自己的认知，不断改造自己的思维，让自己拥有一个长期的、成长型的思考方式。**

说起成长型思维的代表人物，我想起了埃隆·马斯克的母亲梅耶·马斯克。她15岁第一次作为模特登台，崭露头角；22岁结婚后，惨遭家暴；31岁净身出户，继而成为破产的单身母亲，生活陷入困境。但是，她依然没有对人生妥协，而是辗转3个国家、9个城市，去积极开展自己的事业。与此同时，她还培养了包括埃隆·马斯克在内的3个不同领域的优秀人才。60岁时，她重返模特舞台，成为业界"大龄"顶级模特。不仅如此，她还是知名作家、演说家、营养学博士。

梅耶·马斯克曾在自己的自传中写道："**我曾多次推翻并重建我的人生。**"从她的经历中可以看出，她就是一个目标坚定而明确、有着长期规划且不断自我成长的人。

世界上很多伟大的人都属于长期主义者，并拥有着成长型思维。他们有自己长远的目标，并且不断成长，不断让自己变强。我们可能无法成为像他们一样伟大的人，但想要过好自己的人生，就必须成为一个具有成长型思维的长期主义者。

要走出固定型思维，获得成长型的长期思维，我希望大家用以下的方法尝试一下。

首先，定一个长期的个人目标。

有些人在做事时，喜欢跟着自己的感觉走，感觉一上来，豪情万丈，马上就要开始；感觉一消退，就完全不知道自己要去的地方是哪里了。感觉是会冲破理性的，让你的理性不复存在，自然也无法建立长期的思维。

所以，想获得成长型的长期思维，就要学会给自己设立一个长远的目标，再以目标为导向，将大目标分解成一个个可以具体落地的小目标，再通过一步步完成小目标来实现最终的大目标。

其次，学会时间管理。

时间是你人生中最大的资本，也是最值钱的资本。它对每个人来说都是有限的，也是公平的，所以我们必须学会管理时间，聚焦于最重要的事情。事情并不是做得越多越成功，而是做得越少、越精练才能取得更大的成功。那些成功的人都懂得合理分配时间，设置处理任务的优先级，通过确定和处理最重要的任务，让时间效率最大化。只要你把重点放在最重要的事情上，时间就会利用得很有价值。

最后，建立积极的心态，有动力，也要有耐心和毅力。

不知道你们小时候有没有玩过那种过关的游戏机，我以前玩的时候有个很不好的毛病，就是一旦输了，我会非常生气、非常气馁，然后必须从头再来。这就让我养成一个不好的习惯：任何游戏玩不过十次，我就会放弃。

后来我发现，这是因为我没有建立起积极的心态去面对玩游戏这件事。如果连玩游戏都积极不起来，做其他事又怎么能积极呢？这也必然无法获得成长型思维和拥有长期主义。

如果你也有类似问题，我建议你一定要改变，对自己要做的事情保持积极。即使失败也不气馁，而是通过反思去寻找原因，总结经验和教训，并不断改进。

同时，耐心和毅力也是成长型的长期主义者需要培养的一种处事态度。因为长期的计划需要花费很长时间才能完成，这需要你对自己的目标坚持不懈，并积极执行。

《战国策》里有句话叫"滴水穿石，非一日之功"，《左传》里有句话叫"积土成山，积水成渊"，《荀子》又告诉我们"千里之堤，溃于蚁穴；九层之台，起于累土"……这些至理名言都告诉了我们一件事：**固定型思维的短期主义是一个误区，走入成长型思维的长期主义里，才是最伟大的一种生存方式。**

跳离固定型思维
一种叫固定型思维，另一种叫成长型思维

固定型思维
无法改变　能力固定
推卸责任　脾气暴躁
意志　自我否定
消沉　自暴自弃

成长型思维
努力突破
积极　自我学习
认知　迎接挑战
提升　直面挫折
坚持不懈

固定型思维 ——突破→ 成长型思维

首先，定一个长期的个人目标。把大目标分解成一个个小目标，在生活中不断地去实现它们。

其次，学会时间管理。时间是你人生中最大的资本，也是最值钱的资本。学会管理自己的时间，按照事情轻重缓急的顺序，将目标一一落地，才能为完成长期目标奠定基础。

最后，建立积极的心态，有动力，也要有耐心和毅力。

固定型思维的短期主义是一个误区，走入成长型思维的长期主义里，才是最伟大的一种生存方式。

超龄、在龄与废龄

什么样的人才是厉害的人？

能够看到别人看不到的事，能够交到别人交不到的人，能够算到别人算不到的账，这样的人就是厉害的人。

有人问我，为什么你明明只有 40 多岁，说出来的话却像 70 岁一样充满智慧？给你举个例子，你就明白为什么了。

我们公司有个"95 后"女孩，我跟她认识时，她只有 23 岁。我们第一次见面是在课堂上，第二次是在我家里，当时的她简直是初生牛犊不怕虎，直接跟我谈融资，希望我能给她投资。我思考了一晚上，第二天就答应了她的请求。因为我当时预判，她将来一定可以有所建树。而未来我的公司也会发展壮大，我需要这样的人来我的公司工作，她的眼光和系统、她所能接触到的"95 后"圈层，都是我需要和看好的。

但是，当我把自己的决定告诉这个女孩时，没想到她却拒绝了我，并且告诉我，她希望自己做出一些成绩后再接受我的投资。

我瞬间对她更加刮目相看了，也改变了之前对"95后"的看法。以前我总认为"95后"的年轻人都在泡吧、蹦迪、谈恋爱，能想着去创业的少之又少，但我认识的这个女孩却满脑子都在想着创业的事。

我在讲课时曾提到三个概念，叫超龄、在龄和废龄。简单理解，就是一个人的做事风格是超过他的年龄，还是刚好与他的年龄匹配，抑或是完全不在他的年龄上。我认识的这个女孩，她的做事风格就完全属于超龄状态。我现在40多岁，大家觉得我说的话像是70岁的人说的，也是因为我的说话风格、做事风格是处于超龄状态的。

我们如何判断一个人未来能不能成事？

一个简单的判断标准，就是看他的做事风格是在在龄状态，还是在超龄状态，抑或是在废龄状态。如果是在龄状态，那么他就是一个普通水平的人，可能当下发展得不错，但未来难成大事；如果你发现他属于超龄状态的人，那么你一定要马上跑过去跟他交朋友，因为他是属于未来很可能能成事的人。但也有一些人，表面看起来很强悍，实际上头脑非常简单，他们的认知、见识、思维完全达不到自己的年龄状态，这就是处于废龄状态的人。

一般来说，一个人在一个问题上表现出超龄状态，那么他在其他事情上往往也会表现出超龄的特质；同样，一个人在某一细微之处表现出废龄行为，他在其他大部分情况下也会表现出废龄状态。据此，我们就能通过一些细节来判断一个人是超龄、在龄还是废龄状态。运用这种方式与世界相处，我们也能省去很多麻烦，为自己布局更好的社交环境。否则，你身边可能就会聚集很多在龄、废龄的人，消耗你的时间和你的资源，甚至把你拉下水。

　　我有一位朋友，生意做得很大，但是从前几年开始，他所布局的产业便充满了投机、暴利、杠杆，让我很不解。后来了解到，是他的助理将他限制在了一个很封闭的环境中，这个助理不但完全不懂商业知识，还让他周围聚集了一群废龄的人，导致他身边原来一些很优秀的高管纷纷离职，其直接影响就是他的生意快速下滑。

　　这就是布局身边人的重要性。**用超龄人布局，自己也会变得越来越优秀；用在龄人布局，自己也可能会止步不前；而用废龄人布局，那就只会让自己变得越来越糟糕了。** 了解这个规则后，我们就可以把自己身边的资源仔细地盘一盘，盘完之后，我们也能了解自己当前的发展是好的还是废的。如果能从身边找出超龄的人，那你一定要紧紧跟随，因为他们是真正厉害的人，能够看到别人看不到的事，交到别人交不到的人，算到别人算不到的账，并且可以直接影响你，把你也变成超龄人；相反，如果你身边废龄的朋友比较多，那么你可能很快也被写入废龄名单了。

　　很多人只在意自己身边的事是好是坏，是顺利还是不顺利，但可能从来没有想过，事情的好与坏、顺利与否，是事情本身的问题，还是人为带来的呢？还有人认为，好事是好人带来的，坏事是坏人带来的，那你到底应该关心事还是关心人？

　　我曾经跟几个对我很有影响的贵人接触，他们彼此之间也都认识，经常会聚在一起喝茶、打牌，休闲一下，这时他们都会喊我过去。但我跟他们交往时，只跟他们聊天，却很少参与他们的活动，尤其他们打牌时我从来不参与，只在一边观看。如果是三缺一，我也不会参与。

你可能好奇，我为什么要这样做呢？

因为他们都是我的贵人，我参与到他们的活动中，到底是应该赢，还是应该输呢？如果我赢了，他们一定不开心，我也过意不去，那我就只能一直输，可一直输又显得比较假，这就很难办。即使中间有人暂时离开，比如去上厕所、接电话等，我替他们玩一会儿，万一他回来后手气不如之前了，心里是不是会怪我破坏了他的手气？

为了避免这些麻烦出现，我干脆直接拒绝参与他们的活动，只做个旁观者。拒绝是这个世界上最简单的事，这可以使我不跟他们中的任何一个人结下梁子。

同时，在他们玩游戏或打牌时，不管谁输了，我都不会挖苦对方，而是找到对方曾经打出的精彩瞬间去看见、去肯定，比如："虽然你今天输了，但你有几把玩得真棒，简直就是教科书级别的！"输掉游戏的人听了这样的话，心里也会很欣喜。在这种情况下，不管是赢的人还是输的人都会开心，也会继续跟你保持关系。

所以，在很多情况下，其实是人决定了事情的走向。这也提醒我们：**要让别人喜欢你，你就要把自己从乌云变成彩虹，并且要有自燃的本领**。这样的你，身边才会聚集越来越多超龄的、优秀的人，事情也会变得越来越顺利。

超龄、在龄与废龄
什么样的人才是厉害的人?

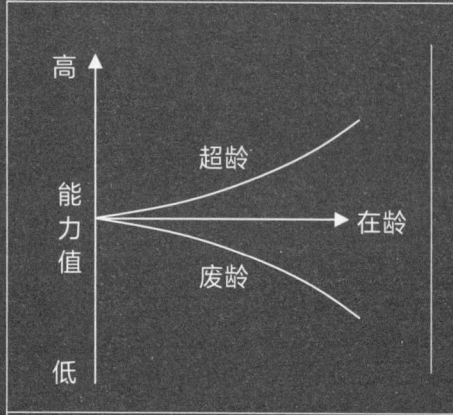

```
 高 ↑
    │      _____ 超龄
 能  │   ╱_____→ 在龄
 力  │  ╱‾‾‾‾‾‾‾‾‾‾‾
 值  │   ‾‾‾‾‾‾‾‾‾‾‾ 废龄
    │
 低 │
```

一个人的做事风格是超过他的年龄,还是刚好与他的年龄匹配,抑或是完全不在他的年龄上。

厉害的人

> 能够看到别人看不到的事,能够交到别人交不到的人,能够算到别人算不到的账,这样的人就是厉害的人。

> 用超龄人布局,自己也会变得越来越优秀;用在龄人布局,自己也可能会止步不前;而用废龄人布局,那就只会让自己变得越来越糟糕了。

> 要让别人喜欢你,你就要把自己从乌云变成彩虹,并且要有自燃的本领。这样的你,身边才会聚集越来越多超龄的、优秀的人,事情也会变得越来越顺利。

放下内心的固执,战胜恐惧

人永远挣不到自己认知以外的钱。

对有些人来说,这句话可能是一种激励,但对更多的人来说,它却会成为承认自己失败的理由。因为当他们失败时,当他们没办法战胜困境、没办法迎接挑战时,这句话就会让他们坦然地认为:我永远战胜不了那些失败,我也挣不到自己认知以外的钱,因为我的认知达不到那个层次。

人的认知真的没办法提升吗?

并非如此。你感觉自己的认知不够,不能解决难题,其实是因为你不敢面对恐惧——对人的恐惧、对环境的恐惧、对变化的恐惧、对未知的恐惧,更不敢去战胜这些恐惧。简而言之,你不敢让自己展现在这个世界当中。

绝大多数人的认知都存在于三种模式之中:一种叫积极模式,就是做什么事都能保持热情、积极的状态;另一种叫消极模式,比如一边学习,一边看电视,两边都不专心,都消极对待;还有一种叫地狱模式，这是最糟糕的，它会让人每天干什么都看不到希望，也没有信心，睁开眼睛看到的就是绝望。

处于积极模式中的人，只要继续保持，未来都可以有所成就。但如果你的认知属于后两种模式，我希望你能尽快有所改变和突破。**改变和突破的方法就是勇敢地打破自己过去的思维模式，不断升级自己的认知，从更高的认知层面来看待问题和解决问题。**

有人可能会提出疑问："我也想升级认知啊，可是怎么升级呢？"

认知升级其实是一个底层技术，是有路径和工具可以实现的。

一般来说，人的认知可以分为六个层次。

第一个层次的认知处于环境层面，觉得世界上所有事情都是由环境造成的，自己没办法改变，只能保持现状。其结果就是：世界越变越好，自己却越变越懒。

第二个层次的认知是行动层面，就是期待能通过努力、勤奋等来提升自己的认知，但这个方法并不可行。

第三个层次的认知是能力层面，即希望通过方法、工具、技术等提升自己的认知。但如果你不了解这个世界真实的样子，只关注别人的观点、干货、方法，寄希望于从中找到对自己有用的路径，你会发现，你越是找方法，就越找不到有效的方法，最后甚至限于各种方法论中无法自拔。

第四个层次的认知是信念层面。大家应该都听过一句话，叫"因为相信，所以看见"，这句话可以这样理解：大部分的人因为看见了才相信，有的人即使看见了也不信，但是认知高的人会因为相信而看见。比如,相信自己可以变得越来越好,就真的能够看见自己变好。

第五个层次的认知是身份层面。你是一个什么身份的人,你未来就能做出什么样的事。比如有些人,即使自己生活很贫困、很窘迫,也坚持做慈善。我们在新闻报道中也经常看到,有的人一辈子靠拾荒生活,却资助了几百个大学生读书。是什么驱使他们这样做?就是他们的身份。他们认为自己是个对社会有价值的人,应该对世界有所贡献,这种身份认知便促使他们做出很多高级的事情。

第六个层次的认知是精神层面,也是最高的认知层次。处于这一认知层面的人,相信世界会因为自己而不同,为此也可以做出一些改变世界的事情。

了解这六个认知层次,你会发现,**以环境为认知的人基本都穷,以行动为认知的人基本都累,以能力为认知的人基本都忙,以信念为认知的人基本都会喜悦,以身份为认知的人基本都会悦纳,以精神为认知的人基本都非常稳定。**

对标我们身边的人,甚至我们自己,你会发现,处于环境层面的人经常会拒绝任何观点,认为自己不管怎样都没办法改变现状;处于行动层面的人会积极采取行动,试图通过行动改变自己的现状;处于能力层面的人会积极寻求方法、寻找各种干货;处于信念层面的人会先接受外界的新知,然后修正自己的行为,开始前行;处于身份层面的人会感谢别人对他的指点,并继续保持自己的路径;而处于精神层面的人不但会接受外部的观点,还会跟别人一起探讨,甚至最后还会跟你说:"我们一起来改变世界吧!"

对于处于较低认知层次的人来说,哪怕他们把世界上所有的知识、所有的逻辑、所有的模型都学会,其认知也难以提升。因为试图从外部寻找提升认知的方法是不可行的,除非他们能发现自己的对抗,战胜自己对外界的恐惧,愿意从自身做出改变和突破。在听到或看到与自己的观点、想法不一致的事情时,不再急着直接否定,而是尝试着去倾听别人的表达。否则,不接受任何外部信号,不接受别人的观点,不把外部的东西变成自己思考的一部分,他们的认知就永远停留在"自我"阶段,永远提升不了。

这就提醒我们,想提升认知,就要学会放下自己的固执。我在这里送给大家一个词:"臣服。"很多人可能不理解,为什么要"臣服"呢?这个词听起来多懦弱啊!

"臣服"这个词的本义是古代臣子对君王的尊敬和服从,还有屈服、接受统治的意思。但我这里所说的"臣服"并不是指它的本义,而应该解释为**"不对抗"**。简单来说,就是要**放下内心的对抗,和他人站在一起去观看世界、思考问题**。它就相当于你在自己的后院挖了一个池塘,或者是种了一棵梧桐树。你建好了池塘,才会有水流进来;你种好梧桐树,才会有凤凰飞上来。见识的世界越大,接受的观点越多,认知才会不断升级。

当然,无论你身处哪个认知层次,想真正提升认知,还必须有行动才行。

首先,你要建立自己的人生目标,弄清楚自己的人生价值到底是什么,这是让你拥有精神层面的认知。

其次,你要确定自己未来即将成为什么样的人,并为之努力,这是让你拥有身份层面的认知。

最后,你在做出某个决定后就要坚持下去,持续地重复,这是让你建立信念层面的认知。

能够在以上三个认知层面上有所行动,你的认知思维一定会有所突破,不断升级。而那些认知无法提升的人,往往是一些很博学的人,他们可能一年学习了几百种方法、上万个道理,但就是不去干,或者尝试一下就放手。这是永远得不到结果的,也会永远局限在自己的认知当中。

放下内心的固执,战胜恐惧
人永远挣不到自己认知以外的钱

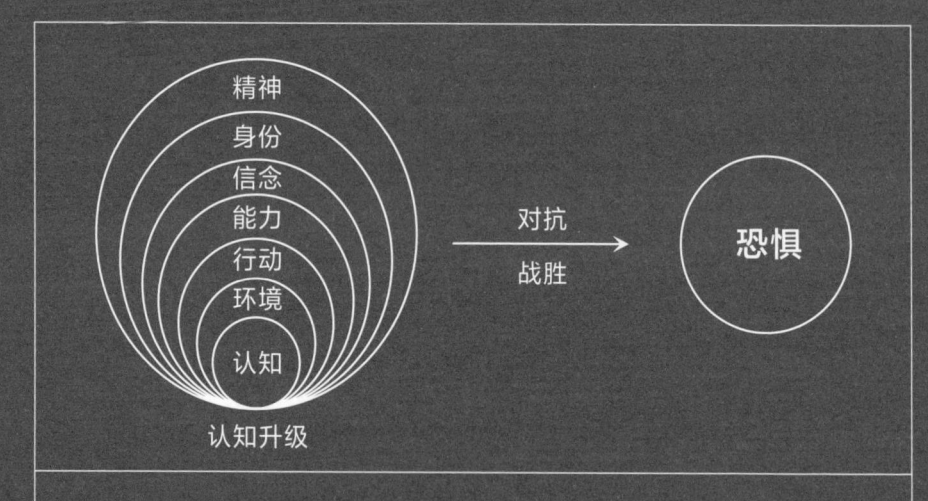

精神
身份
信念
能力
行动
环境
认知

认知升级

对抗 战胜 → 恐惧

认知层次 ⟶ 认知提升 ⟶ 行动

首先,你要建立自己的人生目标,弄清楚自己的人生价值到底是什么,这是让你拥有精神层面的认知。

其次,你要确定自己未来即将成为什么样的人,并为之努力,这是让你拥有身份层面的认知。

最后,你在做出某个决定后就要坚持下去,持续地重复,这是让你建立信念层面的认知。

放下自己的固执,和他人站在一起去观看世界、思考问题。

用状态、故事和策略实现自我突破

突破与改变是因为遭遇了痛苦。痛苦会使人产生信念，而信念会推着你去突破和改变。

中国人讲求"大彻大悟"，意思是通过一件事彻底地醒悟或领悟。它意味着一个人在获得终极感受后，才能够真正地明白一些道理。但是，如果我们每个人都要等到大彻大悟才想去突破和改变，那可能早已错失了最好的机会。真正有益于你突破和改变的机会，应该是被人轻轻一点就醒悟，并且还能促使你做出有效的行动。

那么，我们要怎么找到这个点，并实现有效突破呢？

我给大家提供三个工具，分别为**状态、故事和策略。**

几乎所有人在遇到问题或困难时，第一步都是找策略、找模型、找解决方法，试图通过找到有效方法马上解决问题。当然，你找到的很多方法、策略也可能是对的，但有一个关键问题：这个方法或策略你根本坚持不下去。

在这个世界上，那个根本的办法和道理可能用一页纸就可以写完，但为什么仍然解决不了我们面对的各种问题和痛点呢？比如，很多肥胖者最大的痛点就是胖，市面上也为肥胖者提供了各种各样的解决策略，如选择减肥产品、运动、节食、戒除垃圾食品等，甚至肥胖者自己也知道该怎么减肥，但为什么大部分人仍然减不下去？

原因在于，有些指令对我们的大脑和身体是不管用的，比如我让你现在不要想"粉红色的大象"，你会发现，你越不想想这个问题，你的大脑中就越是不停地想这个问题；我告诉你不要吃垃圾食品，当你看到那些能让你吃起来很过瘾的垃圾食品，仍然会不受控地拿起来吃下去。这就像电影《后会无期》中有句话说的那样：尽管一生知道了很多道理，可依然过不好这一生。两者是一样的道理。

那人到底要怎样才能做到改变和突破呢？

我用自己的一个经历来回答一下这个问题：我以前特别能熬夜，经常熬到凌晨都不睡觉，但后来我发现，熬夜对我的身体不太好，于是我就决定戒掉这个习惯，坚持早睡早起。

刚开始我每天凌晨4点半起床，在微博上做记录，后来觉得这种方法太单调，我就放弃了，重新改变策略。我开始研究一个人，就是苹果公司首席执行官蒂姆·库克。他在乔布斯去世后接任了苹果公司，不管是管理公司，还是负责研发产品，抑或是进行市场营销，我都觉得他非常厉害。所以之后，我就每天凌晨4点半起床阅读关于蒂姆·库克的书，研究他的各种生活习惯，研究他的各种经营策略,并在其中代入我自己的经历和故事。坚持一段时间后,我发现我的状态越来越好,根本不需要任何外在动力驱使,我每天都可以按时起床、按时睡觉了。

我想用我的经历告诉你的是:**在解决一个难题时,你身体的状态和你接触的各种故事,往往比你获得的具体策略更重要。**

我以前在做电话销售时,我的培训老师教给我一个方法,就是在自己的办公桌上放一面镜子,每次给客户打电话时,都看着镜子中的自己。我当时觉得这种方法很奇怪,打电话做销售,跟客户聊天就完了,放一面镜子干什么?

后来我发现,这面镜子对我来说真的太重要了。因为在给客户打电话时,只要我看到镜子中的自己,我就会不由自主地让自己微笑起来。虽然隔着电话线与客户沟通,但客户其实是可以感知到你是微笑还是严肃、是耐心还是不耐烦的。而镜子的作用,就是让你在跟客户沟通时保持最好的状态,并把这种状态通过语言、语气等传递给客户。这就是在利用自己的行为去改变和影响自己的状态。

同样,当你接触了越来越多的故事后,你也会愿意主动去做一些事情,而不需要任何外力的驱使。因为好的故事可以帮你在大脑中重新构建生活的愿景,让你不自觉地想打破自己过去的生活模式。当你心中填充的故事足够多时,你想要改变的冲动和信念也会越强烈,你也可以真正有动力去实现突破。

所以,**真正能让你做出改变的,从来不是什么方法、策略或各种模型工具,而是你的状态和内心的信念。**从身体上调整好你的状态，再用故事加深你内心信念的坚固程度，最后再找到那个具体的策略。

遗憾的是，生活中的大部分人，甚至包括以前的我自己，一旦遇到问题，第一时间都是去找策略、找方法。找到后就马上去验证，结果第一次验证失败，就再来第二次、第三次……失败几次后，干脆放弃了，什么都改变不了。

也有人会先找故事，比如某个行业中谁最厉害、谁做得好，用他们的故事激励自己一下，让自己更有干劲儿。然后再去找策略和方法，找到后去验证。结果发现：成功的可能性也很低。于是接下来再去找故事、找策略……循环往复，总也不能令自己满意。

实际上，这就是你把状态、故事和策略三者的顺序搞颠倒了。现在有个很时髦的词叫"哲学回暖"，简单来说就是人们开始走进哲学，通过学习哲学帮助自己找到正确的状态，然后再去找策略、找方法，解决自己面对的难题。要知道，哲学是不可能教给你解决问题的具体方法的，但它会让你知道，人是一个丰富、全面、复杂的存在，不能只用具体的方法、策略和工具来解决问题，而是必须先解决身体、心灵和信念的问题，之后再用故事持续地为自己做心理建设。当你内心被故事填充够了之后，你才能产生改变的冲动，也才能让那些具体的策略与方法真正发挥效用。这才是我们做事的正确途径。

当你的状态对了，你内心的故事对了，你才可能拥有使用策略的信念和态度。 这时，这个世界上的策略与方法才可以帮你实现真正的改变与突破。

用状态、故事和策略实现自我突破
痛苦会使人产生信念，而信念会推着你去突破和改变

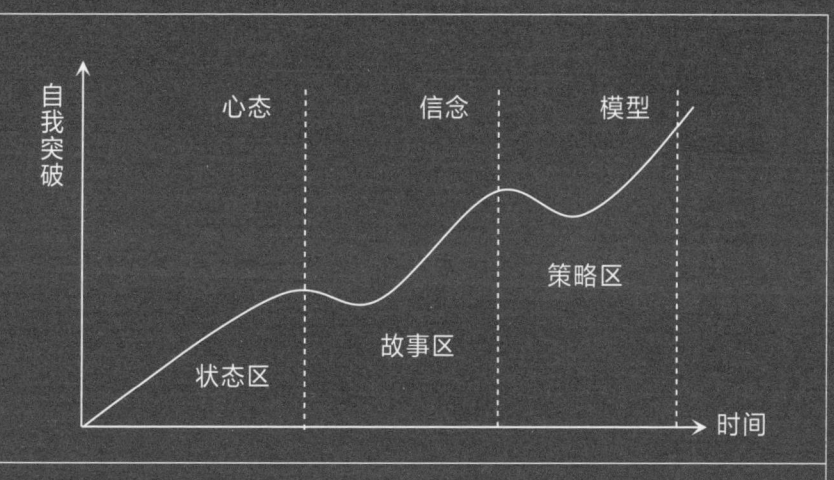

```
自我突破 ↑
           心态    |   信念    |   模型
                                         ╱
                                    ╱
                              ╱
                        策略区
                  故事区
          状态区
                                              → 时间
```

突破和改变

在解决一个难题时，你身体的状态和你接触的各种故事，往往比你获得的具体策略更重要。

真正能让你做出改变的，从来不是什么方法、策略或各种模型工具，而是你的状态和内心的信念。从身体上调整好你的状态，再用故事加深你内心信念的坚固程度，最后再找到那个具体的策略。

当你的状态对了，你内心的故事对了，你才可能拥有使用策略的信念和态度。这时，这个世界上的策略与方法才可以帮你实现真正的改变与突破。

主动成长与被动成长

一个人是主动成长得更快，还是被动成长得更快？

要弄清这个问题，我们需要先弄清楚什么是主动成长，什么是被动成长。

顾名思义，主动成长就是主动努力，主动去学习各种知识、方法、技能等，并希望通过这些方式让自己的认知、能力等获得提升。相较之下，被动成长就是生活在某个特定的环境中，每天耳濡目染、被动地接收一些信息、知识等，不知不觉间，自身的能力和认知便得到了提升。

这就像一个生活在普通家庭的孩子与一个生活在很富有家庭的孩子所形成的对比。普通家庭的孩子想要获得成长，提升能力，就必须不断地努力，不断地学习，才能逐渐让自己的认知、技能、眼界等获得提升。而富有家庭的孩子，在日常生活中可能很自然地就能接触到各种知识、信息等，只要保持正常的生活状态，他们的知识量、信息量、认知水平、眼界、格局等，在不知不觉中就能得到提升。

现在，你知道主动成长和被动成长哪种方式更容易拿到结果了吧？

很多人在认知上都会犯一个至关重要的错误，就是不知道什么才是成长，认为自己只要努力学习，就可以获得突破，实现转型。努力学习固然没错，但如果你每天花几个小时的时间学习，其余时间都处于一个完全不具有学习氛围的环境中，其实是很难快速成长的。

"近朱者赤，近墨者黑"，接近好人你就会变好，接近坏人你就会变坏。这句话说的就是客观环境可以对人产生很大的影响。所以，如果你只把成长寄托于学习、听课、看书等，根本看不到效果。这就像一个人想戒烟，可是每天不得不泡在一群烟民当中，受他们的影响，他怎么可能顺利地把烟戒掉呢？

真正的成长是藏在日常生活中的，通过耳濡目染的方式学习最有效。 但如今大部分人已经将学习变成了挑选学习，听到别人说的哪些知识有用，就学一些；感觉没用的，就不学。这是非常糟糕的。斯坦福大学有一个实验室，叫说服式设计实验室，这个实验室的研究人员设计了一种模型，专门研究如何操控人们的思想和行动。

比如，现在很多人喜欢刷短视频，还喜欢在一些短视频下面点赞，但你可能不知道，你每点一个赞，平台就会根据你的喜好，在接下来的时间里为你推荐更多的同类型内容。慢慢地，你会发现，自己对那些短视频上瘾了，觉得里面每一条内容都很好，每一条内容都能说到你的心坎上，这时你其实就已经被说服式技术控制了。最后，你就会只接受和喜欢自己感兴趣的那些内容，变成一个思维固化，封闭在自己信息茧房里的人。

要改变这些状况，不被外界信息强化，你在学习时就不能只学自己感兴趣的东西。

我的一个朋友曾经问我一个问题："出来混什么最重要？"有人觉得是知识，有人觉得是义气，有人觉得是情商……这些回答都没毛病。但是，首先你得"出来"才行，否则说"混"就完全没有意义。所以，出来混什么最重要？"出来"最重要。

同理，在你学习各种知识、技能时，也要走出去，让这些知识和技能有更多发挥的空间，同时让自己在这个过程中接触到更多的没有学过、没有听过、没有想过的知识和事物，不断拓展自己的思维和认知。

我每年都要出行多次，在这些出行中，有一些是有明确目的的出行，比如去谈业务、签合同、收款等；而大部分出行属于没有目的的，比如拜访、跟朋友见面等。这些没有明确目的的出行，反而让我的认知和思维成长得更快。如果你所有的出行、所有的联络、所有的拜访都是有目的的，我觉得你很难有所成就。有句俗话叫"人无外财不富，马无夜草不肥"，所有的"外财"都不是靠你的明确目的攒出来的，反而是靠那些无目的的交往、沟通，或者在这期间做的一些事情后获得的。每个人都不可能有那么强的能力和实力，每次都能一下子找准赚钱的目标，都是通过一次次的交往、尝试慢慢才发现的。

真正塑造我们的，不是具体的学习。学习只是一种辅助。真正塑造我们的，恰恰是那些不以为是该学习的东西，比如环境、交往的人等，在潜移默化中塑造了我们。

大多数人都认为主动学习是改变自己命运的唯一路径，而事实上，被动学习才是真正让你获得改变的唯一通道。你最开始的发心是让自己变得越来越优秀、越来越厉害，所以你会主动学习、主动成长，试图通过这样的方式提升自己的认知和能力，但慢慢你会发现，主动成长只会让你越努力越艰难。明明学习时很用心，也有一些自己的想法和感触，可一旦离开学习环境，你发现自己几乎又回到了原点，这是非常糟糕的。

想要真正地改变、成长，就要学会走出去，走到能够改变你的环境里，接触更多拥有较高认知和开放性思维的人，让那个环境、那些人在不知不觉中塑造你、成就你。 从表面上看，你只是在被动接受，但恰恰是这种自然而简单的方式更容易对一个人产生最深刻的影响，就像唐代思想家、大诗人韩愈说的那样："耳濡目染，不学以能。"你听得多了，看得多了，就会受到影响，不用刻意学习也能做得到。

主动成长与被动成长
一个人是主动成长得更快,还是被动成长得更快?

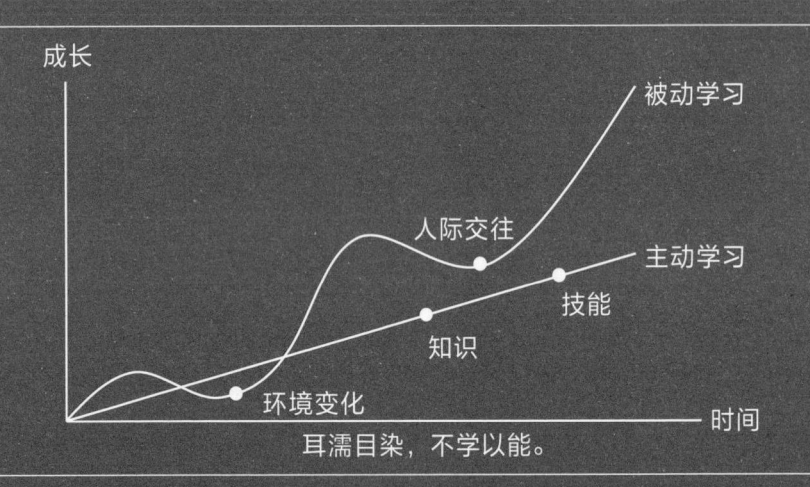

成长↑

被动学习

人际交往

主动学习

技能

知识

环境变化

时间→

耳濡目染,不学以能。

真正的成长

真正的成长是藏在日常生活中的,通过耳濡目染的方式学习最有效。

真正塑造我们的,不是具体的学习,学习只是一种辅助。真正塑造我们的,恰恰是那些不以为是该学习的东西,比如环境、交往的人等,在潜移默化中塑造了我们。

想要真正地改变、成长,就要学会走出去,走到能够改变你的环境里,接触更多拥有较高认知和开放性思维的人,让那个环境、那些人在不知不觉中塑造你、成就你。

不节省时间,是对时间最有效的利用

在一生当中,你的所有成就、所有获利,都来自你在一件事情上面没有刻意地节省时间。

你在一件事上投入足够的时间,就能让时间杠杆为你撬动。你才能用更少的时间,去撬动更多的时间。

从小到大,我们一直都被要求做这样一件事:节省时间。长大后,我们生活和工作中的很多行为也都希望可以尽可能地节省时间,比如习惯吃快餐、读书喜欢听别人总结概要、出行希望乘坐最便捷的交通工具、做事希望可以马上见效等。

但你有没有想过,有时恰恰是因为我们太想要节省时间,反而浪费了时间。比如,我们要彻底弄清一件事情,或者深耕一项技能时,如果总想着节省时间,很可能只弄懂了皮毛,后期运用时反而会浪费更多时间。相反,如果在这件事或这项技能上花了足够多的时间,你才更容易看清事情的本质,掌握技能的核心,甚至因此而获得更多人对你的了解和关注。就像那些伟大的科学发明、艺术作品一样，几乎都是在时间的积累之下拿到的结果。

所以，如果你不想做一个庸庸碌碌的普通人，而是想在自己的人生当中获得一些成就的话，那么我认真地建议你：**不要在你想要获得成就的事情上节省时间，而要用最笨的方法去刻意练习，你才能有更大的收获。**

这点不难理解，你在一件事上投入大量的时间去研究和完成，与你潦草、匆忙地完成一件事，两者的结果是不一样的。

举个例子，你开一家餐馆，如果你愿意花费大量的时间研究各种菜的做法，甚至一道菜炒上千次，投入上千、上万个小时，那么能在这些菜上超越你的人就会很少。因为你在这些菜上投入的时间、积累的经验，可以秒掉世界上很多炒菜的人，你甚至可以凭借其中的几道菜打造出这个地方味道最好的餐馆。相反，如果每次炒菜你都敷衍了事，想着快点结束，节省点时间去干别的事情，那么你的餐馆很快就会被人遗忘。因为炒菜对你来说都意味着浪费时间，那对别人来说就更没什么意义了，顾客大不了换口味更好的餐馆就餐。

当你不再节省时间去做事的时候，你会发现，你可能需要在一件事上花费很多时间。认真地付出，认真地投入，从表面上看，你没能把时间省下来，但实际上，这个杠杆会让更多的人、花费更多的时间去使用你之前花费时间所创造出来的成果。在这个过程中，你会被很多人了解、谈论、记住，甚至还会因此获得很好的口碑。

我家里有很多书，有些书我看一遍就不想看了，有些书我翻翻目录、看看开头就放下了，但有些书我却会反复翻阅，内页都要翻烂了。如果我觉得一本书好看、有价值，我可能就会去关注这本书的作者，继而再次选择购买这个作者的其他作品，甚至一部作品买好几本，书房放一本，床头放一本，卫生间放一本，随时随地去翻阅。虽然这让我浪费了不少买书钱，但它也给我带来了很多好处，比如持续一贯的思考、书中为我提供的好方法、好内容带给我的灵感，等等。而对于这本书的作者来说，他曾经在这本书上花费了大量的时间悉心打磨内容，被我买回来阅读后，就相当于用他的写作时间换走了我的阅读时间。之后，我还可能通过这本书阅读他更多的作品，他的作品也可以换走我更多的阅读时间，提供给我更多的价值。

这时你会发现，**你的时间只有作用在别人身上时，才更有意义、更有价值，因为这可以为你赢得关注、赢得口碑，甚至帮你获取更多的财富。**

所以我想强调的是，**不论你是某个领域内的高手，还是一个普通人，都应该成为使用时间的高手，而不是节省时间的高手。**如果你打拼多年，在任何领域内仍然没什么成绩的话，那么你有必要好好反思一下：自己是不是没有很好地花时间打磨手艺、提升技能，而是只想着如何省时间、走捷径？捷径有时确实可以帮你省下很多时间和力气，但捷径不一定都是对的路或提升做事效率的梯子，它也可能是悬崖峭壁，让你一着不慎跌入谷底。

在这个世界上是没有速成药的，除了投机，任何成功都需要时间去灌溉、去沉淀。为了所谓的节省时间去敷衍做事，拿不到满意的结果，倒不如多花费一些时间，认认真真打磨自己的能力，提升认知，比如写作能力、培训能力、沟通能力、谈判能力、商业能力、承受能力、抗压能力等。这些能力和认知的提升，都需要你花费大量的时间去慢慢练习，每天都做，长期积累才行。只要你每天坚持做、认真做，带着享受的态度去做，我相信五年后、十年后，你会凭借自己的能力和认知收获一个满意的结果。

不节省时间,是对时间最有效的利用
投入足够的时间,就能让时间杠杆为你撬动

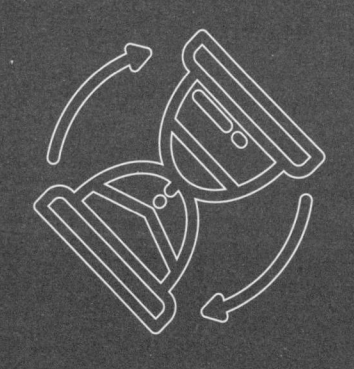

在一生当中,你的所有成就、所有获利,都来自你在一件事情上面没有刻意地节省时间。

时间的建议

不要在你想要获得成就的事情上节省时间,而要用最笨的方法去刻意练习,你才能有更大的收获。

你的时间只有作用在别人身上时,才更有意义、更有价值,因为这可以为你赢得关注、赢得口碑,甚至帮你获取更多的财富。

不论你是某个领域内的高手,还是一个普通人,都应该成为使用时间的高手,而不是节省时间的高手。

在这个世界上是没有速成药的,除了投机,任何成功都需要时间去灌溉、去沉淀。

你可以穷，但不能贫

如果一个人努力了很多年还是发展平平，赚不到钱，**最本质的原因就是你一直都在靠自己，没有获得别人的帮助**。想要改变这种现状，你要做的第一件事就是放下面子，去寻找能够给予你帮助的人。

我在一个短视频中讲过，说白了就是一个人要靠自己获得成功是很难的，**与其自己努力去追求成功，倒不如努力去获取别人的帮助。有了别人的帮助，你才可能获得更多的机会，摆脱自己努力的死循环**。在这个逻辑和认知下去成长和努力，你才有可能拿到自己想要的结果。

这条短视频发出后两天，就获得了超过 3 万的点赞量，但在评论区中也有一条点赞量非常高的不同观点，这条评论是这样写的："为什么别人要帮你？还不是因为你能给别人带来利益，别人才会帮你。兜了一圈，这不还是要靠自己吗？"在这条评论的下方也有很多人跟评，表示支持这种观点，大意都是人只有自己先变强，变得对别人有价值，才会有人肯帮你。

看到这条评论，我其实是很气愤的，因为这种思维方式会令人陷入没人帮助、没人依靠、没办法施展自己的才能，甚至是孤苦伶仃的状态之中。这会毁掉一个人的一生的。

人是一种群居物种，每个人在这个世界上都不可能单独存在，更不可能完全靠自己而存在。任何一个人，也都必须依靠别人才能为自己寻找到一个合适的位置去发现和发挥自己的价值。而事事都想依靠自己的想法其实是一种思维上的"贫"，也是一种极其局限的思维，是没办法让一个人去成长、去发展的。

有人可能会问："你说的'贫'就是穷吧？思维上的'贫'是不是就是思维认知水平不够高？"

"贫"和"穷"其实是完全不同的两个概念。"穷"一般指物质上的匮乏、不丰盈，它并不可怕，只要你的认知和思维不断提高，总有一天你会摆脱穷困；"贫"则是一种思维上的缺乏，是认知上的贫瘠，这才是真正可怕的。

后来我又录了一段视频，来解释为什么别人会帮助我们。要帮助一个人确实需要理由，但这个理由并不一定是利益，别人可能会因为热情帮助我们，可能会因为仗义帮助我们，可能会因为我们会说话、会沟通帮助我们，也可能会因为我们外形好、嗓音好帮助我们，甚至可能因为看我们顺眼便帮助了我们……这些都是理由，为什么你会认为别人只因为利益、因为我们有价值才会提供帮助呢？如果你总是认为别人只会为了利益、为了从我们身上获得价值才肯帮助我们，那只能说明你的认知、你的思维都太狭隘、太贫瘠了。也正因为这种狭隘、贫瘠，才更容易让一个人陷入穷困之中。

在这个世界上，付出和收获永远不成正比，付出永远要比收获早。**付出和收获之间的关系也一定不要放在一个很贫瘠的公式上，即"我付出了，所以就应该拿到钱"，这是一种贫困思维，或者叫小时工思维。**

很多人觉得，付出后拿到钱不是很正常吗？哪里错了？难道你要我白白付出吗？

看字面意思，它的确没错，但当你把这个问题放入整个人生的旅程之中，如果你想在未来遇到更多贵人、更多能给予你帮助的人，那么"付出就应该拿到钱"这句话就是完全错误的。因为这是世界上杠杆收益最低的一种收入方式，它只让你获得了钱，却没有让你趁着年轻，把更好的时间和精力转化为自己的能力和人脉。简而言之，**要真正摆脱贫困，一定要把自己的时间和精力换成自己的能力和人脉，而不是换成现金。**

也有的人可能会说："我就是个打工的，只能用时间和精力换钱，否则还能怎么办？"我想问问你："你想过用换来的钱请人吃饭吗？你想过用这些钱去维护自己的人际关系吗？你想过利用这些钱去寻找比你能力强、比你人脉广的人去帮助你，为你铺就未来的道路吗？"如果你能这样想、这样做，那么你现在用时间和精力换来的钱就可以转化为自己的能力和人脉，让这些钱为你创造更大的价值，而不只是银行卡里的数字。

所以，很多人说自己很穷、很需要钱，其实你的穷并不是因为缺钱，而是因为你的眼睛里只看到钱，这叫贫，不是穷。**穷不是结果，贫却是结果，而贫又是穷的开始。** 思维和认知的缺乏构成了你的贫，让你看不到更好的东西。就像有一些拆迁户，一下子分到好几套房子，拿到一大笔钱，似乎登上了人生巅峰，从此开始享受"精彩"的人生。殊不知几年后，可能连最初拆迁分到的房子都没了。他们穷吗？显然不穷，但脑子里、心灵上却是贫瘠的，最终也可能会因为这种思维和认知上的贫瘠导致自己再次陷入穷困之中。

在人生当中，**有很多东西会束缚你内心的认知，而这些认知就是让你的生活无法改变的束缚**。对于很多人来说，贫和穷都是必须要解决的问题，但要记住：**穷是你的题，贫是你的问**。把这两者的关系搞清楚后，再去集中精力解决，你才能够不断摆脱贫困的生活，让自己过得越来越好。

你可以穷，但不能贫

如果一个人努力了很多年还是发展平平，赚不到钱，
最本质的原因就是你一直都在靠自己，没有获得别人的帮助

穷
物质匮乏

贫
思维缺乏

穷不是结果，贫却是结果，而贫又是穷的开始。

穷与贫

与其自己努力去追求成功，倒不如努力去获取别人的帮助。有了别人的帮助，你才可能获得更多的机会，摆脱自己努力的死循环。

付出和收获之间的关系也一定不要放在一个很贫瘠的公式上，即"我付出了，所以就应该拿到钱"，这是一种贫困思维，或者叫小时工思维。

要真正摆脱贫困，一定要把自己的时间和精力换成自己的能力和人脉，而不是换成现金。

有很多东西会束缚你内心的认知，而这些
认知就是让你的生活无法改变的束缚。

要真正摆脱贫困，
一定要把自己的
时间和精力换成
自己的能力和人脉，
而不是换成现金。

复盘时刻

1. 真正牛的人不是实力强的人,而是拥有进化思维的人。

2. 我们要让自己做一个长期主义者,而非短期主义者。

3. 能够看到别人看不到的事,能够交到别人交不到的人,能够算到别人算不到的账,这样的人就是厉害的人。

4. 放下自己的固执,和他人站在一起去观看世界、思考问题。

5. 突破与改变是因为遭遇了痛苦。痛苦会使人产生信念,而信念会推着你去突破和改变。

REPLAY

6　　在解决一个难题时,你身体的状态和你接触的各种故事,往往比你获得的具体策略更重要。

7　　真正能让你做出改变的,从来不是什么方法、策略或各种模型工具,而是你的状态和内心的信念。

8　　不论你是某个领域内的高手,还是一个普通人,都应该成为使用时间的高手,而不是节省时间的高手。

9　　穷不是结果,贫却是结果,而贫又是穷的开始。

10　有很多东西会束缚你内心的认知,而这些认知就是让你的生活无法改变的束缚。

Part 4

财富密码

获得财富的底层思维

你在哪个方面积累了信用，
就能够在哪个方面获取财富。

真正的财富是信用

人们常说:"钱不是万能的,但没有钱是万万不能的。"

钱如此重要,那么钱到底是什么呢?你有认真思考过这个问题吗?

有些人可能认为,钱就是自己劳动后应该获得的报酬。这句话听起来好像没错,但如果你持有这样的思维,那就是我前面提到的"小时工思维"。因为你觉得自己的赚钱过程就像小时工一样,工作一小时,必须马上拿到一小时的工钱,晚一点都不行。哪怕自己所在的公司遇到困难,暂时开不出工钱,也要想方设法从公司拿回自己的那份利益,公司的死活与己无关。

但是还有一类人,他们会审时度势,看到公司有难处时会这样想:我要不要和公司共渡难关?公司虽然现在没钱,但未来应该不会太差,如果我把自己挣到的钱投给公司,让公司运转起来,是不是对自己、对公司都有利?

同一个问题,不同思维的人对待钱的理念不同,导致使用钱的逻辑也完全不同。大家都听说过"二八定律",即这个世界上20%的人掌握着80%的财富,少数人掌握着多数人的财富。为什么会这样?难道那80%的人不配有钱吗?

事实上,并不是80%的人不配有钱,而是80%的没钱人与20%的有钱人看待钱的方式和思维不同。

金钱最初出现,是因为人们想要实现等价交换的目的。从这个意义上来说,钱就是一种用于交换的物质,人们可以用钱去交换自己需要的东西,这是钱的本质意义。

现在,很多人把钱视为自己毕生追求,认为金钱就是自己富有的象征,为此甚至省吃俭用,把钱存下来。如果说省吃俭用是为了遵守我们中华民族的传统美德,我认同;如果说省吃俭用是为了让自己养成断舍离的习惯,我也认同;但是,如果你省吃俭用是为了省钱、存钱,我认为这是一种穷人思维。因为钱本身并不是财富,也不值钱,甚至不知道什么时候就会贬值,它只是一种用于交换的工具而已。

有人可能会说:"钱不就是价值的体现吗?"

我举个例子来回答这个问题。我们经常会发现这样一种现象:有些人赚钱特别容易,比如一些明星代言。这些明星只需要在镜头前摆几个好看的pose、拍几个漂亮的视频,对着镜头跟粉丝说几句话,就能拿到几百万元、上千万元的代言费。相比之下,马路上的环卫工人每天辛勤工作,一个月可能只有几千元的工资。难道是因为明星的价值比普通人更大吗?显然不是。可见,钱并不是价值的体现。

钱是一种用于交换的工具，在交换过程中，什么是最重要的？我们想要获得一些人的支持、鼓励，拿到一些人的投资，该怎么拿到呢？

我想起自己经历过这样一件事：几年前，我决定要做一件事情，就在朋友圈发了一个动态，很快我就收到了几十条微信，大家都来问我想干什么，并表示愿意跟着我一起干，有的说可以出人，有的说可以出钱，有的说可以出资源。

这件事给了我很大触动，我明明还没有开始做事情，就开始有人给我送人、送钱、送资源了。相比之下，有些人反反复复地做很多事情，可身边愿意帮他的人却越来越少。

为什么会这样？原因就在于两个字——信用。

现在我问你："金钱和信用，你认为哪个更值钱？一个明星去代言产品，是在用自己积累的钱代言，还是用自己的信用代言？"

答案不言而喻。明星正是利用自己长期积累下来的公众形象和公众认知，为自己建立起良好的信用，继而再用自己的信用去代言产品，获得收益。大众购买明星代言的产品，也是因为这个明星有良好的信用，而不是因为这个明星多有钱。

所以，如果你也想赚更多的财富，就要先建立良好的信用。当你的信用不断增长，自然可以吸引更多的人来帮助你、为你投资，助力你的事业，让你的财富不断增长。但是，财富的增长并不代表信用会增长。这也再次提醒我们，**信用才是真正有价值的东西，是真正的财富。你在哪个方面积累了信用，就能够在哪个方面获取财富。**

有些人经常说:"哇,有钱人花钱真大方,一出手就是买豪车、买豪宅,给别人送豪华的礼物。"你认为这些有钱人只是觉得花大钱心里爽,开豪车、住豪宅舒坦吗?这只是其中的一个次要原因而已,更主要的原因是他们在通过这种方式积累自己的信用。

举个例子,假如一个人一出手便买下一套豪宅,这时他周围的人会不会认为他财力雄厚?会不会觉得与他一起做事不用担心被套牢?所以,购买这套豪宅并非完全为了享受,而是在为自己在他人心中建立信用。

我平时经常接到一些家族办公室、私人银行的电话,或者是一些做投资、做项目的朋友的电话,邀请我去看一些业绩报告,或者邀请我去参加某些活动。实际上,即使我现在身无分文、家徒四壁,只要有一个很好的名声,这些家族办公室、私人银行,以及我的那些做投资和做项目的朋友也会认为我很富有。为什么?难道是因为他们看了我的银行账户余额吗?当然不是,而是因为我在他们心中已经建立起了很好的信用。

建立信用是每个普通人使用钱最正确的方法。说一个人有多少钱并没有太大的用处,但如果说一个人的信用多好,那么他随时都能赚到钱。如果你一直认为这个世界上最厉害的人都是用钱来赚钱的,我只能说你这是穷人思维,你还不了解这个世界的经济运行规则。

真正富有的人,不仅仅是用钱赚钱,更是用信用赚钱。

投资人投出去的钱,也是一种信用交易。建立自己的信用体系,是你最大的隐形财富。

真正的财富是信用
钱不是万能的，但没有钱是万万不能的

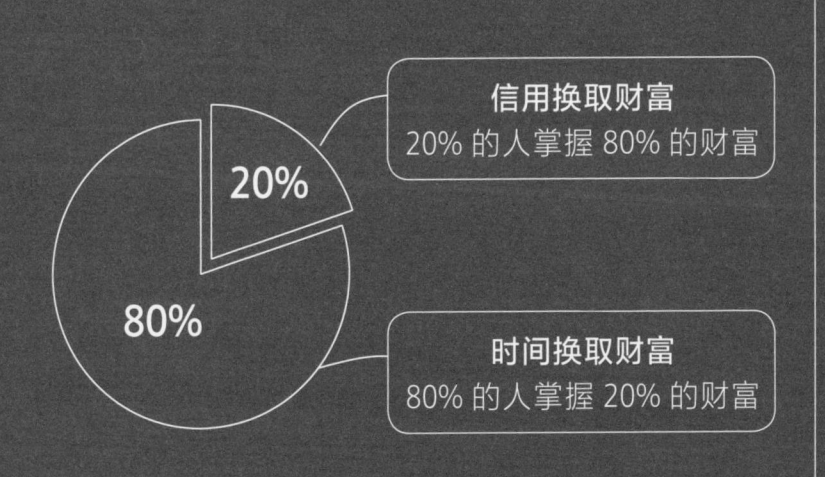

信用换取财富
20% 的人掌握 80% 的财富

20%
80%

时间换取财富
80% 的人掌握 20% 的财富

如果你也想赚取更多的财富，就要先建立良好的信用。当你的信用不断增长，自然可以吸引更多的人来帮助你、为你投资，助力你的事业，让你的财富不断增长。

信用才是真正有价值的东西，是真正的财富。
你在哪个方面积累了信用，就能够在哪个方面获取财富。

普通人如何获得财富思维

别人是因为运气好,才能赚到钱吗?

运气好就能赚到钱是个伪命题。真正决定你赚钱的因素,是你的财富思维和行动力。

我经常听到一些人抱怨:"你看那谁谁,学历不如我,家境不如我,气质不如我,就是运气好,才赚到那么多钱的。"

事实真是如此吗?

很多人会肤浅地跟人比学历、比家境,甚至比气质、比外貌,其实真正决定命运的是思维上的差异。那些比较容易获得财富的人,前提都是拥有强大的财商思维,能够活用杠杆、现金流和信用,懂得将资产合理配置,从而在资产倍增过程中实现财富自由。

所以,**决定一个人贫穷还是富有的,并不完全是他所拥有的金钱,而是信息、知识、智慧和实践能力**。很多人不知道,赚不到钱并不是因为缺少机遇、缺少运气,而是因为缺少能力。**一切的财富积累,都是认知和行动的变现。**

万达董事长王健林曾经说过一句话："我们可以先定个小目标，比如先赚上一个亿。"这句话后来还成了一个段子。在王健林的成功学里面，他的财富思维是绝对不能忽略的。他经常挂在嘴边的有两句话："哈佛耶鲁不如敢闯敢干。""清华北大不如胆子大。"他认为，想要创业成功，不管有没有把握，都要去试一试；光有梦想是不够的，你还必须勇敢地迈出创业的第一步。如果你连尝试都不敢，那成功的机会就是零。王健林还根据自己的个人经验，总结了成功的三个前提：**有勇气、敢于探索、不怕失败**。同时，他还总结了成功企业家的三个特质：

第一，有创造力，敢于创新、敢于冒险；

第二，有坚持精神；

第三，有情商，要有宽容心和与他人相处的能力。

不得不说，王健林总结得十分独到。创业从来都不是人云亦云、随波逐流，不是看哪个行业火就进入哪个行业，而是必须要敢于开拓一些新的领域。

王健林还有一种思维，就是爱做老大、做第一。和任何人合伙开公司，股份一定要占最多，万达广场要开得最多，踢足球也一定要最出名。这种凡事追求第一的思维模式，也开启了王健林的财富人生。

我们再来聊聊史玉柱。很多人都听说过脑白金的广告，前几年可以说达到了"霸屏"效应。在开发脑白金产品时，史玉柱曾主张，要花70%的精力来服务消费者，花20%的精力来打造终端，花10%的精力来管理经销商。这就是著名的"721法则"。同时，史玉柱也不断通过测试、修正，让这一法则强势落地。市场是多变的，没有一个人能保证自己的战略能百分之百发挥效用，只有通过实战检验，才能真正测试出广告效应。在信息爆炸的时代，只有围绕消费者做到立体整合营销，才能将企业的商业信息输送到消费者的心智当中。史玉柱的"脑白金"广告正是通过这样细致的整合手法，才让人们对他的广告无处可逃、印象深刻。通过这种方式，史玉柱赚到了自己的财富。

不管是王健林还是史玉柱，他们在获取成功和创富的道路上都拥有一套自己的思维模式。也正是他们的财富思维，决定了他们能比普通人获取更多的财富。这也提醒我们，作为普通人，我们想要获取财富，首先必须具备一定的财富思维和财富意识。哪怕不能一下子成为财富大佬，也能一步步走在获取财富的道路上。

那么，我们要怎么来构建财富思维和财富意识呢？我总结了如下七点。

第一，学会对自己的日常消费记账。

千万不要拿消费不当回事，事实证明，对自己的消费记录了然于胸的人，比那些稀里糊涂消费的人拥有至少多30倍的财富。而且有研究表明，90%的富人都能说出自己过去一年在衣食住行方面的花费，80%的富人甚至能说出具体到某一类上的花费。小到一支笔、一瓶水，大到一部手机、一台电脑，凡是与自己有关的消费都要做好记录，方便日后统计。

第二，学会编制消费预算。

消费预算可以反映出你对自己未来消费结构的大致规划，它与消费记录是一脉相承的。消费记录是你制定消费预算的依据，以消费记录为参考，谨慎地分析自己的消费需求，哪些是必须消费的，哪些是可消费可不消费的，哪些是完全没必要消费的，每个消费类别可以分配多少金额，等等。这些都是消费预算的重点。为了便于记录，你可以以月为单位编制自己的消费预算。

第三，抵制高消费，不要负债。

有些人认为，一个人的消费水平越高，社会地位和成就就显得越高。这也导致一部分人宁可负债，也要保持较高的消费水平。

这完全是虚荣心在作怪。有一项调查发现，现在很多开豪车的人并不是真正意义上的富人，车子不过是他们租来或借来炫耀的工具而已。真正的富人与人们理解中的富人是有一定差别的，他们往往喜欢淡化自己的财富和成就，让人很难从他们的衣食住行上去判断他们的社会地位。反倒是穷人，更想通过炫耀来满足自己的虚荣心。

第四，慎重购买汽车、住房等大额消费品。

汽车、住房等大额消费品，在很大程度上反映了一个人是否积累了足够多的财富。一般来说，开上好车、住在高档社区中，也意味着你的消费方式会不知不觉地向周围的人靠拢，这也导致自己的消费越来越高，有时甚至超过自己的收入，不得不负债消费。而大多数白手起家的富人之所以能够积累财富，恰恰是因为他们不住在高档社区，有意识地控制了自己的消费。

第五，分散投资，不要把鸡蛋放在同一个篮子里。

很多中产家庭积累了一定的财富之后，便不再满足于日常的工作收入，而是努力寻找各种投资机会，期待着以钱生钱。但如果缺乏风险意识，对投资理财缺乏充分了解，可能就会只对一种投资产品情有独钟，结果一旦投资失误，就会损失巨大。

这类悲剧的发生根源，就在于错误的投资思维以及风险分散意识的缺失。为了避免悲剧发生，在投资理财之前，一定要多学习相关知识，并且不要把鸡蛋都放在一个篮子当中，学会分散投资。

第六，持续地学习投资知识，掌握最新投资趋势。

如今，各种投资理财产品层出不穷，依靠传统的投资理财知识已经无法应对多元化的投资世界。面对鱼龙混杂的各类投资理财产品，势必要持续学习相关知识，提高鉴别能力。

有调查称，富人每个月平均要花11个小时来学习投资知识，了解最新的投资理财信息。当然，学习投资知识并不意味着你必须请人教自己，或者请理财顾问。学会独立思考，理性判断，才不容易陷入各种投资陷阱之中。

第七，具备良好的投资品格。

掌握了投资理财知识，学会了分散投资的方法，并不意味着你就能在各类投资当中无往不胜。《财富自由》一书中指出，有55.6%的富人认为自己擅长高风险的投资策略，71%的富人认为自己比其他人更懂投资。但几乎所有富人在投资风险到来之前都能沉着应对。既敢于冒险，又能沉着冷静，这些品格是普通人投资成功的重要品格。

总而言之，富人之所以变富，一定有他们的一套财富思维。

但具体来说，尊重财富思维，让自己花的每一分钱都事出有因，保证每一分钱都用在刀刃上；忽视周围人的消费思维，控制自己的消费欲望，远离虚荣心；学会分散投资。这些都是你的财富开源的必经之路。有了这些底层的财富思维的帮助，在开源节流双向并举的过程中，每个白手起家的普通人想成为富人便不是一件难事了。

普通人如何获得财富思维

别人是因为运气好，才能赚到钱吗？

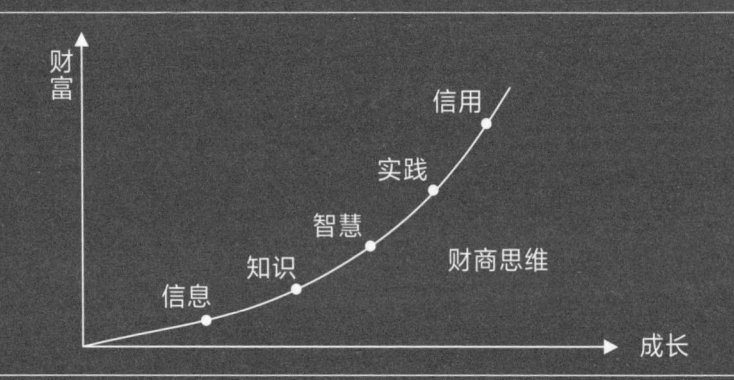

（图示：以"成长"为横轴，"财富"为纵轴的指数增长曲线，沿曲线由低到高依次标注：信息 → 知识 → 智慧 → 实践 → 信用，整体称为"财商思维"）

构建财富思维和财富意识

第一，学会对自己的日常消费记账。
研究证明，90%的富人都能说出自己过去一年在衣食住行方面的花费，80%的富人甚至能说出具体到某一类上的花费。

第二，学会编制消费预算。
消费预算可以反映出你对自己未来消费结构的大致规划，它与消费记录是一脉相承的。

第三，抵制高消费，不要负债。
真正的富人往往喜欢淡化自己的财富和成就，让人很难从他们的衣食住行上去判断他们的社会地位。

第四，慎重购买汽车、住房等大额消费品。
大多数白手起家的富人之所以能够积累财富，恰恰是因为他们不住在高档社区，有意识地控制自己的消费。

第五，分散投资，不要把鸡蛋放在同一个篮子里。
悲剧发生的根源，就在于错误的投资思维以及风险分散意识的缺失。为了避免悲剧发生，在投资理财之前，一定要多学习相关知识，并且不要把鸡蛋都放在一个篮子当中，学会分散投资。

第六，持续地学习投资知识，掌握最新投资趋势。
富人每个月平均要花11个小时来学习投资知识，学会独立思考，理性判断，才不容易陷入各种投资陷阱之中。

第七，具备良好的投资品格。
富人之所以变富，一定有他们的一套财富思维。但具体来说，尊重财富思维，保证每一分钱都用在刀刃上。

能做难的事，收入才会高

为什么你的收入低？

因为你会做的事情太简单了。或者你也想做些复杂事情，但只要发现有些难度，你就放弃，结果一无所获。

前两年露营特别火爆，我身边也有人去露营。有一天，一个朋友邀请我一起去露营，我很高兴。他就问我，有没有帐篷、天幕、充气床垫、露营灯等各种物品，我说我都有。他特别惊喜："那太好了，我终于有一次露营机会了，早就想去了！"我问他是不是没有这些露营物品，他说自己都有，但又觉得露营好麻烦，所以一次也没有去过。

还有一个朋友，有一天给我发了一张充气大船的照片，跟我说，他那天第一次把那个大船放到水里玩了一次。这个大船是十几年前他爸爸在国外买的，买回来后，他嫌麻烦，就一次没玩过。

我讲这两个案例是想说，因为害怕麻烦，我们可能会丧失很多的快乐和机会。而在收入问题上，本质上也是因为我们把事情想得太简单了,导致自己不愿意再去做复杂的事情,也不愿意去想复杂的事情。结果,一件事只做到20分、30分,感到有难度,就不想再往下做了,而是换成另一件事去做;下一件事又做到20分、30分,再次感到有难度,再次放弃……忙活了半天,你可能做了很多事,结果没有一件做好,也从来没有做成过一件。在这种情况下,你的收入又怎么会提高呢?

现在,科技发展飞快,机器人时代已经来临,各种各样替代人类工作的机器人陆续出现,比如机器人厨师、机器人设计师、机器人搬运师、机器人会计师,现在很多城市还出现了无人驾驶出租车等。原本由人类操作的一些简单的工作逐渐被机器人取代,越来越多原本需要人类工作的岗位开始消失。在这一大前提下,你真正想要提高收入,想要让自己变得更好,就必须能在自己所在的行业当中胜任更加复杂的工作。

我是做销售出身,以前身边有很多做销售的同事、朋友等。现在,他们中的很多人仍然在做销售,只不过是换了公司、换了不同的销售产品而已。但他们越来越焦虑,因为他们随时都可能被公司裁员。尤其是新媒体和直播带货兴起后,他们对于公司的重要性更是越来越低,总有一天会被淘汰。

我把这个世界上的物质统分为三大类:第一类就是我们日常能够看得见、摸得着的物质等;第二类是人;第三类是时间。当人和物质、时间凑在一起的时候,就构成了一件事情的复杂性。而一个人养成了解决复杂问题的习惯后,久而久之,他就具备了解决复杂问题的能力。这时,当各种复杂的问题再出现在他面前时,他不但不会退缩,还会积极想各种办法,调动自己的各项能力来解决。试想一下,这样的人,公司能不愿意用吗?收入能不高吗?

不管你是想提高个人收入,还是想提高公司收益,会做难的事情,就等于在永久性地提高收入。

复星集团创始人、董事长郭广昌先生,曾做过一次"穿越企业周期,重启增长引擎"的主题演讲,让我受益匪浅。尤其他在演讲结束环节总结的"三个坚持"特别打动我,这三个"坚持"就是:坚持做对的事、坚持做难的事、坚持做需要时间积累的事。

简单来说,就是你要按照做事的正确步骤,一步一步地去做,然后长期坚持,你才能穿越周期,形成自己的能力,不被别人超越。否则,你做的事情大多数人都能做,你完全没有优势,自然也无法超越自己的竞争对手。

亚马逊 CEO 贝索斯也说过类似的话,他说:"当你把眼光放在三年以内,会发现到处都是对手;而当你把眼光放在未来七年,那么针对你的人就会很少。"也就是说,世界上大部分的人或公司都是追逐短期利益的,所以只能看到未来两三年的情况。如果能够看到未来七年,那就可以打败大多数竞争对手,让自己获得更高的收益。

很多人都容易被捷径所误导,习惯去追所谓的风口、红利,殊不知,真正决定你能长时间拿到高收入的,从来都不是那些短期的风口和红利,而是那些复杂的事情、复杂的工作。

那么,我们要用什么方法让自己有能力去应对复杂呢?

首先，你要找到一个能让你臣服的人，并坚定地跟随他。

这个能让你臣服的人，要么在某方面特别有能力，要么人际关系非常广，并且也愿意教你一些事。当他让你做一些事情时，你当时可能看不懂，但过了一段时间后，你一定可以理解他为什么要你那样做，也能看到他是真的为你好，真的在提携你。跟着这样的人，你的能力、人际关系、做事风格等，一定都能获得不断提升，你甚至可以获得更多发展自我、展示自我的机会，收入自然也不在话下。

其次，不要靠近那些需要你去向下兼容的人。

你可以仔细想一下，自己身边的榜样人物多，还是需要你向下去兼容的人多？如果你身边的很多人都需要你向下兼容，需要你去体谅他们、理解他们、包容他们，那么你还处在一个很普通的阶段；相反，如果你身边都是值得你学习的人，每个人都是你的榜样，那就意味着你已经开始上升了。

一个人能否成功，关键要看他是否成功地成了成功者的朋友。
当你成了成功者的朋友，那么你的能力、人脉、资源等就会越来越好，你所做的事情也会越来越成功，收入也会随之增加。所以，**我们在做一件事情的时候，别人的帮助就是最宝贵的资源，别人的指导就是最宝贵的资产，别人的提携就是最宝贵的机会。** 这些优势都集中在你的身上时，你的收入还能不增加、不翻倍吗？

能做难的事，收入才会高
为什么你的收入低？

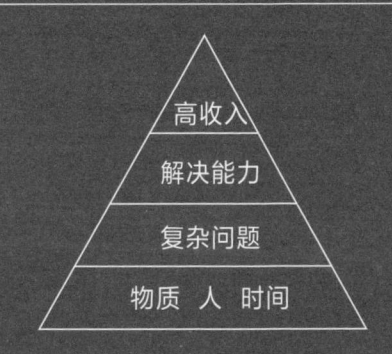

```
      /\
     /高 \
    /收入 \
   /------\
  /解决能力 \
 /----------\
/ 复杂问题   \
/--------------\
/ 物质  人  时间 \
------------------
```

不管你是想提高个人收入，还是想提高公司收益，会做难的事情，就等于永久性地在提高收入。

应对复杂问题

坚持做对的事，坚持做难的事，坚持做需要时间积累的事。

首先，你要找到一个能让你臣服的人，并坚定地跟随他。
跟着这样的人，你的能力、人际关系、做事风格等，一定都能获得不断提升，你甚至可以获得更多发展自我、展示自我的机会，收入自然也不在话下。

其次，不要靠近那些需要你去向下兼容的人。
如果你身边的很多人都需要你向下兼容，需要你去体谅他们、理解他们、包容他们，那么你还处在一个很普通的阶段；如果你身边都是值得你学习的人，每个人都是你的榜样，那就意味着你已经开始上升了。

我们在做一件事情的时候，别人的帮助就是最宝贵的资源，别人的指导就是最宝贵的资产，别人的提携就是最宝贵的机会。

让能力增效，让财富增倍

靠时间、体力、健康甚至生命去赚取财富，你的财富会非常有限。靠能力、机会、人际关系来赚取财富，你的财富才会快速增倍。

很多人一生都在靠自己，用自己的时间、健康、家庭甚至生命，去获取收入、获得生计。但是，这样的人即便一辈子不停歇，也很难获得满意的生活。因为你既不增长能力，又不增长关系，所有的努力都相当于在原地踏步，最后只会变得越来越累。

比以上情况稍微好一些的，是一部分人意识到了增加能力和社会关系的重要性，所以会积极地去提升自己的各项技能，建立一定的社会关系。这可以帮助他们获得一定的销售收入和时间上的增值，比如以前平均下来一小时能赚10元，现在可能一小时能赚20元了。但总体上来说，这种情况仍然是在靠时间换钱。

再好一些，当自己稍微具备一定的能力和地位后，在别人眼中就变成了一个比较厉害的人，不再像以前那样人微言轻了。这时，你说一句话，可能就能帮别人办成事，你也能因此而获得一定的收入。这时,你的时间、效率都增加了。

以上三种情况,代表着一个人不断努力所能爬升的三个层次。但是,这三个层次仍然处于一种完全靠自己、靠时间的收入阶层,我把这种情况称为"手停口停"阶段。简单来说,只要你停下工作,停止时间和劳动的投入,你的收入也会停止。这也是绝大多数人都无法摆脱的一种状态。

那么,如果我们想摆脱这种状态,该怎么办呢?

说起来也简单,就是集中精力去增加自己的能力和增长自己的人际关系。当你的能力和关系都获得增加后,你的收入类型就会变得多元化,既会有主动收入,也会有被动收入。其中,主动收入是那些你通过直接工作或做事获得的收入,慢慢地,当你具备了较高的能力和拥有了较多的人脉关系后,可能只需要说出你的名字、提供你的经验或资质等,或者是拿出过去的作品,你就可以获得一定的收入。再接下来,你可能还会获得机会收入,比如有个较好的机会,你参与一下,不用自己直接花时间和精力去做,只需要安排其他人去做,你就能从中获得一定的收入。

高级的收入是人际收入。比如,某个人刚好有一个大需求,而另一个人正好能满足这个需求,你跟两方都认识,那么你在中间牵一下线,双方合作成功后,也会不可避免地给你一份收入。

所以,**当你的人脉关系和团队结构达到一定高度后,你就能完全脱离最基本、最底层的用时间和体力赚钱,或者稍微升级一点的靠销售赚钱的模式,将赚钱模式变为主动、被动,或者靠机会和人脉来增加收入的模式。**

很多人可能会说:"我也想收入增倍啊,那我要如何升级自己的赚钱模式呢?"

冯仑先生在《野蛮生长》一书中提到,一个人想要成就伟大,就必须学会三件事:**学先进、傍大款、走正道。**其中,学先进是说要跟着优秀的人一起做事,不要怕别人不带自己玩,天天追着先进走,你就有机会变得优秀;傍大款是说要找比自己有实力的公司或人来合作;走正道说的是你只要跟着伟大的人、优秀的人一起做事,你也会跟着变得优秀、变得伟大了。

但是,我在这里要把这九个字重新定义一下。

首先,我这里说的"学先进"并不是让你跟随厉害的人、优秀的人去学习,而是说你要去掉打工的心态。当然,去掉打工心态不是说你现在必须马上辞职,而是说不管你在任何地方、做任何工作,都不要有打工的心态——当一天和尚撞一天钟,把手头的工作干完就拉倒。**你应该时刻保持积极、热情的工作状态,把每一份工作都当成自己的一份事业去面对。**

其次,我这里说的"傍大款"是指你要敢花钱,也舍得花钱,舍得在维系自己的人脉关系方面付出。

最后,我这里说的"走正道",是让你一定要跟对人,知道什么人能够给你提供帮助,能够为你有效赋能。

所以,"学先进,傍大款,走正道"这九个字转译过来就是**"不打工,敢花钱,跟对人"**。当你把这套逻辑搞清楚后,你就会发现,你的状态越来越好,你的道路越走越顺,你的能力增效和财富增速也会越来越快。

让能力增效，让财富增倍
所有的努力都在原地踏步，最后只会变得越来越累

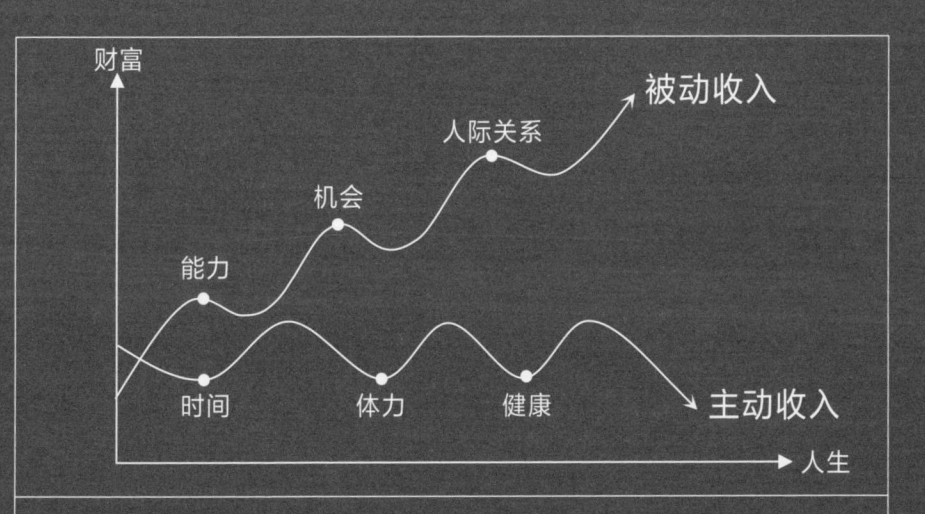

财富 / 被动收入 / 人际关系 / 机会 / 能力 / 时间 / 体力 / 健康 / 主动收入 / 人生

学先进，傍大款，走正道

集中精力去增加自己的能力和增长自己的人际关系。当你的能力和关系都获得提升后，你的收入类型就会变得多元化，既会有主动收入，也会有被动收入。

当你人脉关系和团队结构达到一定高度后，你就能完全脱离最基本、最底层的用时间和体力赚钱，或者稍微升级一点的靠销售赚钱的模式，将赚钱模式变为主动、被动，或者靠机会和人脉来增加收入的模式。

财富是积累资源,而非消耗资源

当你不具备财富思维时,就是在浪费自己的时间,也用不好自己身边的资源。

思维方式改变你的一切行为,结果最终决定你的个人收获。

比如,两个人有着同样的能力、同样的资源,也都是在为自己创造收入,但是,一个人在做事时会不断地消耗资源,而另一个人在做事时却是不断地积累资源。你认为,谁能走得更远?

答案不言而喻,肯定是不断积累资源的人能走得更远。因为不断消耗资源的人会越做越累、越做越辛苦;而不断积累资源的人会越做越简单、越做越富有。

为什么会出现两种截然不同的结果呢?

原因在于,有些人在做事时,既会考虑让自己获益,也会考虑到别人的需求和利益,这就会让自己身边的朋友越来越多,相当于在不断为自己积累资源;而有些人做事时只考虑自己的需求和利益,完全不顾及他人,甚至想方设法地从别人身上占便宜,结果自然就导致身边的朋友越来越少，对手越来越多，这就是在不断消耗资源。

举个例子，销售是一个很重要的职业，我也是做销售出身。我相信每一个经历过创业、做高管、做职业经理人的人，不管在任何情况下，自己都在做销售：销售自己的产品，销售自己的服务，销售自己的思维，销售自己的观点，甚至要向手下去销售下个阶段的任务。有些销售人员在向客户推销自己的产品或服务时，出发点完全是自己的利益，这就是在消耗资源。

比如，有一次我和一个朋友去一家西餐厅吃饭，落座后，我让服务生给我们推荐一下他们店里的特色，他热情地给我推荐了几种后，我就开始点餐。那天我点的菜有点多，这时服务生看到了，就说："先生，您真的很会点菜，您点的这几款菜都是我们店里的热销菜品。不过，我觉得您这几款菜至少要配上五款酒，才能真正体会到这些菜品中美好的味道。"我虽然明知道喝不完五款酒，但因为有朋友在场，我也想让他好好品尝一下菜品和酒，于是便又点了五款酒。结果可想而知，我们的菜没有吃完，酒也没有喝完。虽然这家店的地段很好，装修很棒，服务生也高大帅气，但我这辈子可能都不会再去了。

后来，我每次跟朋友出去吃饭，都会把这件事讲一遍，大家也纷纷表示不会去这家餐厅吃饭。对于这家餐厅来说，少去我这样的几个客人可能不算什么，但每个客人都有自己的人际圈，这样一来，这家西餐厅相当于一下子就消耗掉了好多资源。后来有一次我路过那家店，发现它已经关闭了。

我现在经常会带朋友去另一个小餐厅，这个餐厅也不大，但很精致。当然，我更喜欢它的一个原因，是餐厅的老板和服务人员真的都会站在顾客的角度去思考问题。比如，有一次我带一个朋友到那里吃饭，点了几个菜后，服务生就跟我说："先生，其实这三个菜您可以不点的。"我就问他为什么，他告诉我，这三个菜跟我点的其他几个菜品味道相似，而且我点的菜已经足够我和朋友两个人吃了。我当时听完很开心，其实这时我完全可以不要这三个菜，但我很喜欢这个服务生的服务态度，所以我就跟他说："这三个菜我也要了吧。"

菜陆续上来，我们开始吃饭，在我们吃到一半时，那个服务生又过来问我："先生，刚才那三个菜您确定还要吗？"我才发现，这三个菜一直没上来。服务生说："我担心您吃不完，就跟后厨打了招呼，想等您这边吃差不多时，再过来跟您确认一下。如果您还要，我再去后厨下单。"

我当时听完，心里很感动，那种感觉就像是在自己家里吃饭一样，有人在关心你、为你着想，那种感觉特别好。在这种情绪状态下，我是很愿意在这里花钱消费的，所以我就告诉服务生，把那三个菜也都上来吧，我们还想尝尝。

这个餐厅由此给我留下非常好的印象，后来我经常跟朋友推荐这家餐厅。它的做法就是在为自己积累资源，即使那三个菜我最后不要了，餐厅也只是损失了三个菜的费用而已，却留住了一个客人的心。能留住一个客人的心，就相当于给自己拉来了更多的客人、更多的生意，这才是经营的长久之道。

对于有钱人来说，他们能够长久获取财富的秘诀，就是不断地积累自己的资源。这些资源不只是金钱，金钱只是资源当中非常小的一个品类而已，还包括信任背景、共同经历、人际关系等，这些都是很重要的资源。甚至在一些有钱人看来，金钱是最不值得骄傲的资源。因为金钱不能直接换来别人对你的直接认知，除非你出门时在身上绑满钞票，但拥有一个好名声、和厉害的人建立良好的关系，甚至开一辆好车出门，却可以直接影响别人对你的印象和认知，这其实相当于你在为自己打造个人品牌，在人脉圈中树立个人影响力。简单来说，好名声、好车都是给别人听的、给别人看的。让别人听到、看到你的实力，才有可能为你带来更多的资源。

每个人都需要有一个不断积累资源的过程，这个过程也是你不断变富的过程。**如果你想成为一个富有的人，就要先有一颗富有的脑袋，脑袋里装满财富思维，之后才有可能拥有一个富有的口袋。**脑袋里面想的是对的，口袋里面装的才是对的。明白了这个逻辑，你在遇到一件事情时，才会去思考这件事是能帮助自己积累资源，还是会消耗自己的资源。而你对待一件事的方式，最终也决定了这件事对你的反作用力。把这些问题想清楚后，你会发现，赚钱并不是多么复杂的事。

财富是积累资源，而非消耗资源

思维方式改变你的一切行为，结果最终决定你的个人收获

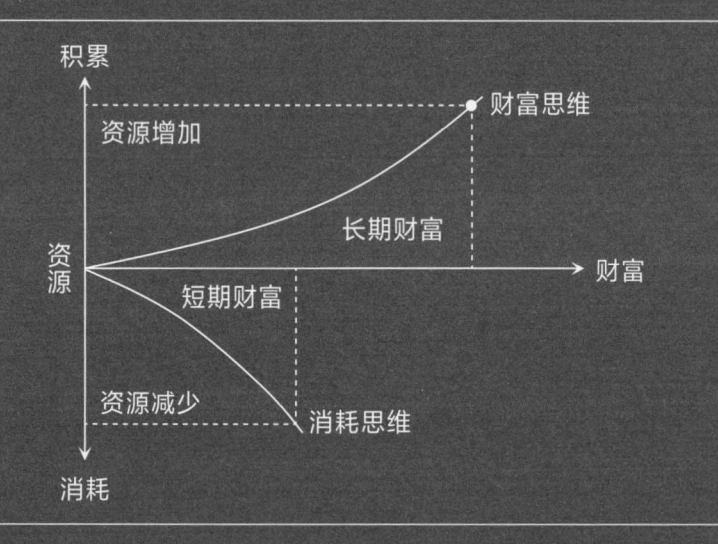

```
        积累
         ↑
         |                          • 财富思维
         |  资源增加
         |              长期财富
   资源  |
         |——————————————————————→ 财富
         |       短期财富
         |  资源减少
         |              消耗思维
         ↓
        消耗
```

思维方式改变你的一切行为，结果最终决定你的个人收获。

每个人都需要有一个不断积累资源的过程，这个过程也是你不断变富的过程。如果你想要成为一个富有的人，就要先有一颗富有的脑袋，脑袋里装满财富思维，之后才有可能拥有一个富有的口袋。脑袋里面想的是对的，口袋里面装的才是对的。明白了这个逻辑，你在遇到一件事情时才会去思考这件事是能帮助自己积累资源，还是会消耗自己的资源。

当你不具备财富思维时，你的每一分钟都是浪费，每一个人脉都没有价值、没有意义。

财富积累的七大障碍

每个人在生活和工作中都在有意无意地积累财富,不管自己所做的事情能不能赚到钱。只不过有的人想赚钱,可怎么都赚不到;有的人想赚钱就能赚到;还有的人,对金钱没太大的概念,也没有刻意地去赚钱,但财富就是跟着他走。

这句话听起来可能很扎心,但事实的确如此。有些人明明很努力,但做什么都赔钱;有的人却刚好相反,自己好像也没做太多,结果好事找自己,机会找自己,大人物也找自己,总之各种好事都会落在他身上,他好像没有花费太大的力气就积累起了财富。

为什么会有这样的差别?

原因就在于,有些人在积累财富的过程中遭遇了障碍。我对这些障碍进行了总结,把它们称为"财富积累的七大障碍"。

第一个障碍:没有胆量和勇气。

在我的同学当中,有很多人的家境都比我好,受教育水平也比我高很多,但是现在,我却成了他们大部分人的标杆。一个重要的原因就是我有胆量、有野心,对自己的人生有衡量、有要求。

在一次公司聚会上,我的一个相处多年的同事跟大家分享了一件关于我的事情。他说,他对我记忆最深刻的一件事,就是以前我们一起工作时,我每个月的电话费都要高达七八百元,而那时其他同事每个月的电话费只有100多元,公司每个月也只给员工报销200元电话费。他那时特别不理解,为什么我每个月的电话费要那么多?

我当时给他的回答是:"**人与人之间的沟通,才是我摆脱打工生活的重要工具。**"也就是说,我把与外界的沟通当成一种工具——一种摆脱当时打工生活的工具。因此,我尽可能地与外界更多的人进行联系,建立关系,寻找机会,获得支持。而事实上,我也正是通过这种方式从外界获得了更好的机会,更早地摆脱了打工生活,找到了获取财富的途径。

如果你也想尽快摆脱当下不够满意的生活,获取更多的财富,也一定要具备胆量和勇气,敢于与外面更厉害的人去建立关系,寻找更好的突破自己的机会。

第二个障碍:缺少知识与教育。

我们都知道,在公共场所要讲文明、懂礼貌,否则轻者会遭到周围人的白眼,重者还可能被处罚、刑拘。但是,如果换作很小的、不懂事的小朋友在公共场所做了这些事,可能大家更容易原谅他们。因为小朋友缺乏知识,或者还没有接受更多的教育。

在赚钱这件事上,很多人就像小朋友一样,会因为无知犯很多错误。小孩子犯错可以改，你一旦犯了这些错，就很难赚到钱，甚至还会损失一部分钱。可见，脑海中没有必要的知识，或者缺乏正确的认知，也会影响创造财富。

第三个障碍：不能长期和坚持。

有些人不管学什么都坚持不下来，今天学习金融知识，明天学习理财法则，看起来每天都很忙，但其实什么都没学到，什么也都没做成。这就像小孩子上兴趣班一样，周一学音乐，周二学围棋，周三学奥数……一天学一样，你觉得孩子能学好、学精吗？

曾国藩曾说过一句话，叫"读书不二"，他还说："一书未点完，断不看他书，东看西阅，徒循外为人，每日以十页为率。"意思是说，读书要专一，一本书还没有读完，一定不去看其他的书籍。东翻西阅地随意读书，对自己的道德学问没有一点益处，不过就是一个只求知识而没有道德的人，认真读书，每天必须要圈点十页才行。

这就是一种长期和坚持的习惯。用这种习惯读书，才能真正领会书中的内容；用这种方式做事，才能真正把事情做好。

这里需要注意一点，就是长期和坚持在本质上是两回事。长期是你长时间地做一件事，比如你上班这件事就是长期的；而坚持则是你在做这件事的过程中，即使很厌烦，即使看不到结果，即使其间多次想放弃，但最终还是持续地干了下去，这才叫坚持。**具有长期的思维，具有坚持的毅力，做事才更容易成功，也更容易赚取财富。**

第四个障碍：没有良好的习惯和行为。

你现在的状态、能力水平、财富等，都来自你的习惯，而不是你的认知。在很多时候，你所学到的知识对你来说都是没什么用的，有太多的知识你也根本用不到。但是，你的习惯和行为却决定了你的做事方式。

一个人可以改变自己的认知，也可以改变自己的习惯，但如果你只改变认知，不改变习惯，那么你仍然无法从根本上调整自己的状态，也不可能真正做好一件事。

第五个障碍：不会表达与倾听。

表达和倾听可以帮你更好地与他人建立关系，也能帮你获得更多的机会。

我有一位外国朋友，前段时间想从乌克兰去华沙（属波兰共和国），但是出于种种原因，他不能马上成行。他给我发了一些他所在地的视频，视频中的房屋、汽车等都遭到了严重破坏，他也因此陷入困境。他问我能不能给他一些建议，我跟他说，他一定要多跟当地人交流，多去表达自己的状态和需求，获得更多的信息，这样才能找到机会离开乌克兰。他听从了我的建议，两天后终于找到一辆去华沙的车，离开了乌克兰。

这件事说明，沟通表达在很多时候是非常重要的，哪怕你在一个陌生的城市中，哪怕你身无分文，只要你有沟通表达的能力，你就能获得相应的帮助。

同样，在人际交往中，倾听也很重要。当别人知道你愿意耐心地倾听他，他会认为你很尊重他。我的一位很厉害、很成功的朋友曾跟我说过一句话：**对一个人的尊重，比爱和同情更重要。**别人在你这里获得了尊重，才会对你产生好的印象，愿意把自己的资源、人脉等介绍给你，你才能获得更多成功的机会。

学不会沟通，做不到倾听，你是很难获得机会和财富的。

第六个障碍：没有贵人和导师相助。

这个世界上有两样非常珍贵的东西：普通人的钱和厉害人的时间。普通人的100元钱，可能顶得上有钱人的100万元；但是，厉害的人的一分钟，可能顶得上普通人的十年甚至更久。所以，当你的人生中出现敢说你、敢批评你、敢教育你的人时，你一定要好好珍惜，因为他们很可能就是你人生中的贵人和导师。他们给你的建议和指引，是你读多少本书都学不到的"干货"。

没有贵人和导师的指引，只靠你自己的努力，你也很难顺利获取财富。

第七个障碍：方向不对。

做事的方向不对，所有努力都白费，这时在错误的方向上停下来才是最好的选择。

那么，正确的方向在哪里呢？

如果你是个具有很高认知和开阔思维的人，你判断方向的权重会高一些；如果你是个普通人，你选择的方向可能就会面临较大的风险。

我曾经有很长一段时间陷入自我怀疑之中，每天都在不停地否定自己、批判自己，脑子里不停地出现一个逻辑：如果过去我脑子里的思维是对的，那为什么我口袋里的钱不对？如果过去我脑子里的思维是错的,我为什么还要相信自己?

我在这种自我怀疑中纠结了很长时间,后来我开始试着去否定我以前的判断思维,让自己学着从多个角度看待问题,用多元思维思考问题,慢慢我发现,我开始对这个世界敏感了,我的判断也逐渐变得准确。就是利用这个转变,我才真正站了起来。这就是方向选择的重要性。

方向是你对未来的预判,普通人想要选对方向,要么有非常敏感的方向感,要么有厉害的人的帮助和指引。

有人可能会说:"我知道了以上这些道理,了解了以上这些积累财富的障碍,我就能赚到钱、积累财富吗?"

实际上,各种各样发展的办法、变强的办法、赚钱的办法都早已写在书上了,但为什么还是有人赚不到钱呢?

一个最重要的原因,就是你做不到知行合一。知行合一的前提是"知",知道哪些事情是正确的、应该做的,哪些事情是错误的、不应该做的,这一点不难。真正难的是"行",你光知道却不肯行动,又怎么能拿到结果呢?

赚钱是不分专业、不分领域的。当一个人掌握了正确的方法,并通过实际行动克服了途中的各种障碍后,他在任何领域都可以赚到钱,都可以积累财富。

财富积累的七大障碍
跨越财富障碍才能积累长期财富

跨越
障碍
思维 ————————————————— 财富

七大财富积累障碍

第一个障碍：没有胆量和勇气
想尽快摆脱当下不够满意的生活，获取更多的财富，也一定要具备胆量和勇气，敢于与外面更厉害的人去建立关系，寻找更好的突破自己的机会。

第二个障碍：缺少知识与教育
小孩子犯错可以改，你一旦犯了这些错，就很难赚到钱，甚至还会损失一部分钱。没有必要的知识，或者缺乏正确的认知，也会影响创造财富。

第三个障碍：不能长期和坚持
长期是你长时间地做一件事，而坚持则是你在做这件事的过程中，即使很厌烦，即使看不到结果最终还是持续地干了下去。

第四个障碍：没有良好的习惯和行为
一个人可以改变自己的认知，也可以改变自己的习惯，但如果你只改变认知，不改变习惯，那么你仍然无法从根本上调整自己的状态。

第五个障碍：不会表达与倾听
在人际交往中，倾听也很重要。当别人知道你愿意耐心地倾听他，他会认为你很尊重他。对一个人的尊重，比爱和同情更重要。

第六个障碍：没有贵人和导师相助
当你的人生中出现敢说你、敢批评你、敢教育你的人时，你一定要好好珍惜，因为他们很可能就是你人生中的贵人和导师。

第七个障碍：方向不对
做事的方向不对，所有努力都白费，这时在错误的方向上停下来才是最好的选择。方向是你对未来的预判，普通人想要选对方向，要么有非常敏感的方向感，要么有厉害的人的帮助和指引。

财不入急门,让自己慢慢变富

让自己变富的一个最直接的方法,就是延迟收益。

有一次,我去朋友家和他一起吃饭,在吃饭期间,他就一直朝我使眼色,意思是让我多吃点桌上的好菜,要不然好菜都被家里照顾孩子的阿姨吃了。

当我明白他的意思后,我很生气,不但没有按照他的意思做,还把好菜挪到阿姨面前,对她说:"您喜欢吃肉,多吃点,照顾孩子很辛苦的。"阿姨急忙向我表示感谢。我又接着说:"您不用客气,我这兄弟经常跟我说,阿姨帮他照顾孩子特别负责。我还听他说您爱吃肉,我给您多夹点,您多吃。"当时我那个朋友看我的眼神都要炸了。

后来我离开时,他出来送我,我就狠狠地批评了他一通。我告诉他不能那样做,阿姨是帮你照顾孩子的人,比我这个兄弟对你来说都重要。你对她好,她才能对你的孩子更好,最终受益的是你和你的孩子。最后我还很不客气地对他说:"为什么这几年你混得不太好？就是因为你太在意这些小细节了，自己不肯吃亏，也不愿意付出，不给自己留后路。"

这就是一种短视思维，只看重眼前的利益，不能看到长远的好处，结果很可能会因小失大。

在追求财富的路上，记住一句话：财不入急门。你能把眼光放长远，同时舍得输出对别人的信任和赏识，你成功和获利的机会才会越来越多。

我对装修行业有比较深入的了解，但我在第一次、第二次装修时都踩过大坑，一次是被设计师算计了，一次是被装修队算计了。从踩过那两次被坑之后，我就认真研究装修的问题，后来再也没有装修的能骗到我。我甚至还会控制结账的节奏，以便装修效果可以达到我的要求。

有一个装修队一直是我非常信任的，我还给朋友推荐过他们。因为我在跟这个装修队的队长打交道后，发现他的生意做得特别好，而生意好的一个重要原因就是他跟任何一个客户都会延迟收费，而不是装修完马上就急着去跟客户要款，也不催促客户。其间如果装修需要买什么东西，客户赶不过来，他还会主动跟客户说："您别着急，我先给您垫付了，您方便时再给我就行。"

这样的次数多了，客户就会觉得这个装修队不错，不唯利是图，不急功近利，是个很负责、很值得信任的装修队。久而久之，他的口碑就树立起来了，在客户眼中也成了一个很有口碑的存在。

有人可能会担心，如果遇到的客户最后不给钱了，或者拖欠装修款，那怎么办？装修队不是白干了？

这种情况也是有的，我们有个术语，把这种情况叫作"走面失败"，但这种情况毕竟少见，而且也在于装修队看人的眼光。绝大多数情况下，把眼光放长远，不执着于眼前，他们最终的获利还是远远大于损失的。

人与人之间是需要慢慢相处的，事情是需要慢慢推进的，财富也是需要慢慢赚取的。遗憾的是，很多人只想拥有即时效应，完成任何一件事后，马上就想看到结果、拿到报酬，回报晚一些或者不能达到预期结果，都不能接受。

巴菲特曾经说过一句话："**投资其实很简单，但是没有人愿意慢慢变富。**"这句话其实也说明，不管是投资还是做其他事情，要获取财富并不难，难的是人们都没有耐心等待，不愿意慢慢变富。在这种急功近利的心态影响下，投资失利或者无法积累自己满意的财富也成了自然而然的结果。

事实上，很多人之所以短视，看不到长远利益，主要是被三件事蒙蔽了，这三件事就是计较、狭隘和贪欲。

计较就是小心眼，事事都不愿意包容，更不愿意吃亏，非常害怕别人占自己的便宜，这样的人是很难接近财富的。你要知道，不管你是跟别人合作，还是跟朋友相处，如果你们之间都不计较，互相包容，那么你们会一起走得很远。而且，这种关系也相当于你获得了一个很值得信任的帮手，未来你们也会一起做很多利大于弊的事情。所以，人生一定要放下计较，学会包容，这样才能不断收获，而不是像熊瞎子掰棒子似的，掰一个丢一个，不断地丢弃。

狭隘就是一元思维和二元思维，看问题、看事情非黑即白，不能接受新鲜事物。如果你能摒弃狭隘，把一元思维、二元思维变成多元思维，愿意多角度地看待问题，你就能不断扩大自己的人脉圈，接触到更多厉害的人，学会用他们思考问题的方式来思考，由此找到更多创造财富的机会。

贪欲就是贪图安逸，每天只想着自己舒服，只想过闲适的生活，不愿意跳出自己的舒适圈，我也把这种情况称为"懒病"。不仅如此，一旦涉及利益，他们还总想据为己有。殊不知，贪小便宜吃大亏。经常占别人便宜，谁还愿意跟你一起做事情呢？

想要持续地获取财富，就要创造更多的人际交往机会，并在交往过程中较慢地提出自己的要求。试想一下，如果一个人跟你交往，一上来就向你卖东西、跟你谈利益，你还愿意跟他长期交往吗？相反，如果一个人在跟你交往的过程中，没有直接跟你谈利益，而是先跟你处成了朋友，之后再慢慢提出需求，你是不是就不太容易拒绝？

当然，快速地提出自己的利益需求也不是完全错误的，因为早期的销售是"碰"而不是"谋"。但如果你想要获得长期利益和更多的赚钱机会，那就必须去"谋"，而不是求快。赚快钱是个线性增长的过程，你只有在做这个动作的时候才能赚到钱；一旦停止当下的动作，你就赚不到钱了。我们应该力求让收入实现跨越式增长，这就需要你前期与对方达成信任关系，之后再在合理的范围内提出自己的需求，这样你的目标才能达成。

我的一个朋友曾问过我这样一个问题："是运气带来实力，

还是实力带来运气?"

很多人可能认为运气更重要,运气来了,一切都顺了。但我认为,是实力带来的运气。运气不是等来的,而是自己一点一点设计来的、争取来的。实力够了,运气自然会来,财富也自然会来。

财不入急门，让自己慢慢变富
让自己瞬间变富的一个最直接的方法，就是延迟收益

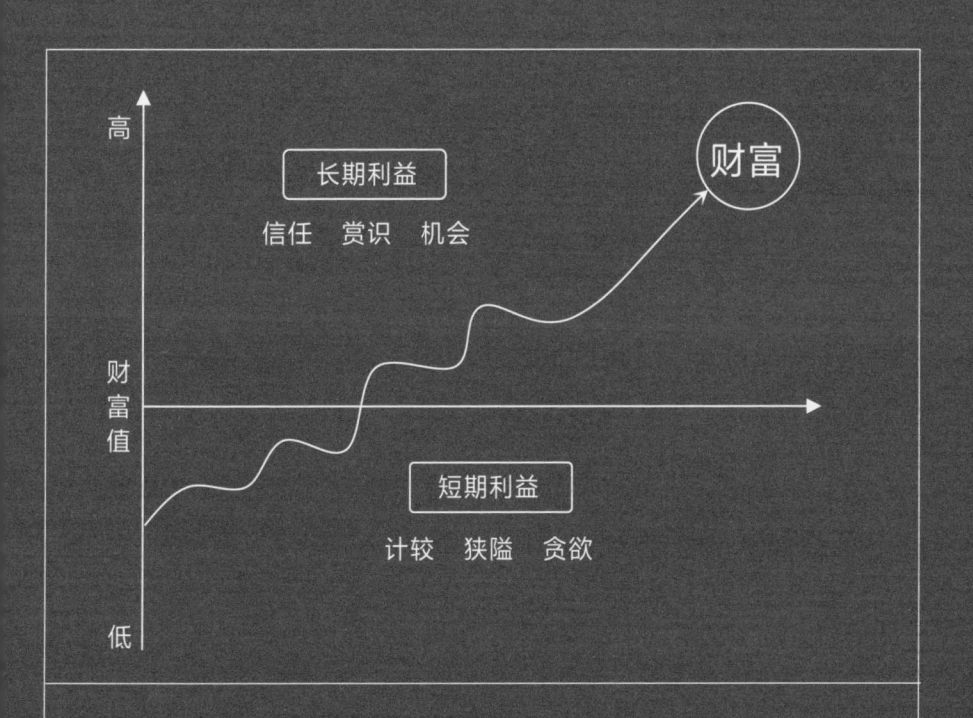

财富值 高 / 低

长期利益：信任　赏识　机会　→　财富

短期利益：计较　狭隘　贪欲

在追求财富的路上，记住一句话：财不入急门。你能把眼光放长远同时舍得输出对别人的信任和赏识，你成功和获利的机会才会越来越多。

人与人之间是需要慢慢相处的，事情是需要慢慢推进的，财富也是需要慢慢赚取的。

超经典的 10 个赚钱思维

为什么有人挣钱快？为什么有人能挣大钱？

因为有人掌握了赚钱的思维。一旦掌握了赚钱的思维，你就会进入赚钱的正循环当中。

我年轻时曾创立过一家软件公司，开发了一款客户关系销售软件，但最终以失败告终。这次创业不但花光了我所有的积蓄，还让我背负了一身的债务。后来我为了改变自己，跟随一个游学团到台湾地区游学。在游学班里，我认识了一位当时央视的制片人。

在跟这个制片人打交道的过程中，我就问了他很多关于他们录制节目的事情，还跟他提出，以后他们在录节目时，我愿意去当群众演员，希望他能给我这样的机会。当时我只是单纯地好奇，想要见见那些主持人大咖，感受一下他们的能量和气场。

游学班结束后，我回到北京，就把这件事给忘记了。后来突然有一天，这个制片人给我打电话，说央视的一个商业栏目要录个专访节目,他想到我以前给他讲过我的各种创业经历,他觉得很好,所以想让我去做这期节目的专访嘉宾。

我听到这个消息后,兴奋得简直无法用语言形容。我马上换好衣服,到电视台找他,跟着他录制了这期节目。节目播出后,我的很多朋友都打电话过来询问和祝贺。从那以后,以前不那么认同我的人,也开始慢慢地认同我、接纳我,我的路也越走越顺。

现在回过头再想想那段经历,我也问自己:为什么那个制片人会找到我?为什么我能上央视的节目?后来我找到了原因,原因也非常简单,就是:我想要。当时那么多人跟他交往,他也认识很多人,为什么他记住了我?因为我反反复复地对他说我想上央视参加节目、当群众演员。这种反复强调,代表着我强烈地想要做这件事。正因为我的这份坚持、这份执着,我才获得了这样的机会。

所以,为什么有的人挣钱快?

一个重要的原因,就是他们一直在要。就像很多销售人员,只要碰到人,他们就会不停地向对方销售自己的产品或服务。虽然成功率不一定高,但根据大数法则,他向1000个人推销,可能有100个人购买了,他就能挣到钱。这就是挣钱快的方法。有句俗话叫"没有不开张的油盐店",你只要开店,卖啥都会有人感兴趣,都会有人出钱买。

当然,如果你想挣大钱,以上这种挣快钱的方法就不适合了,你需要真正掌握赚钱的思维才行。

我根据自己的经验总结了10种超经典的赚钱思维,在这里分享给大家。

第一，专业思维。

想要赚钱，一定要做自己最擅长的事情。 在一定程度上，你擅长的事情可能就是你最感兴趣的事情，兴趣加上专业才是你与别人的收入拉开差距的核心。不要试图用自己的不专业去对抗别人的专业，这样的失败率可谓百分之百。**做任何事情，都要有一米宽、一千米深的决心，如此你才有更大的可能获得成功。**

当然，如果你在某方面不擅长，但又很想做，你也可以寻找一个合伙人，但这个合伙人一定要是这个领域内的人才，而不是像你一样不专业。记住，把专业的事情交给原本就专业的人来做，你们才能一起赚大钱。

第二，精益思维。

想要赚钱，一开始就不要想着大而全，盲目地扩张或投入。

过去几年里，创业浪潮此起彼伏，无论是创业者还是投资人都过于浮躁，实际上是走得越快死得越快，走得慢反而更容易走得好、赚到钱。

我之前曾经历过几次创业项目，根据我的经验，我更倾向于小团队的精益求精，通过每一个最小化的方案去测试，打造经得起市场检验的产品。不过，精益创业不代表不会失败，而是快速开始、快速验证、快速失败、快速迭代。

利用精益思维赚钱的案例在我们身边很多，比如在朋友圈卖货、做电商、摆地摊、个人写作、拍短视频等，都属于这一类。

第三，长期思维。

长期思维是指坚持长期主义，保持自我价值的增长。

现在，很多人都太着急、太想快点证明自己了。尤其是现在很多 90 后、95 后做社群、做直播经常有年入百万的案例，更让大家焦虑。

但是，这样年入百万的案例毕竟是少数。而且我们习惯性地接受别人的成果，却忽略他们的一些特殊背景或默默付出。实际上，有时我们承认自己的平庸，也不代表我们会一直容忍自己的平庸，只是在认清平庸的前提之下，选择继续前进。有时别人花一年走的路，我们可能要走三年、五年，但只要一直在前进，就有收获的可能。

第四，圈子思维。

多加入一些有价值的、具有专业思维的圈子，开阔自己的眼界，寻找更专业的渠道。

比如，你是做直播带货的，你可能很懂粉丝、很懂内容，但在货品选择上不专业。这时就可以通过圈子去寻找专业的货品渠道。在这个过程中，你还可能遇到合适的合伙人，和自己一起创业。

第五，利他思维。

圈子的本质在于价值交换。即使你加入了很多圈子，也不代表圈子里的人就有义务为你提供服务，你想获得别人的帮助，也必须学会利他。你对别人帮助越多，你得到的正反馈越大。

对于利他思维，除了关注 B 端外，更要关注 C 端用户，确保自己提供的产品或服务是真的为客户着想，这样客户才能成为你的忠实粉丝,帮助你去传播。

所以,利他的三个目标就是:客户收益、员工成长、商家赚钱,这样你才能真正赚到钱。

第六,模仿思维。

即使是那些伟大的产品,也都是基于一个个微小的改变而来的。

市面上的绝大多数产品都不是凭空想象出来的,而是从模仿开始。但是,想要真正做好模仿,你还需要做到三步:第一步是僵化,就是完全的模仿;第二步是优化,是在模仿的基础上进行微创新;第三步是固化,即完全变成自己的风格,并具备可复制性。做到这三步,你才能做到长期盈利。

第七,矩阵思维。

矩阵思维是规模化的一种实现途径,也是持续赚钱的一种有效途径。

矩阵思维有两种:一种叫自营矩阵,就是自己建网站,或者自己开店等;另一种叫代理矩阵,是指招募代理商帮你来做销售、做推广。在卖货时,你自己想方设法寻找 100 个客户,不如找 100 个帮你卖货的人。他们一个人找到 10 个客户,就相当于你有了 1000 个客户。

第八,差异思维。

相同的东西是没有价值的,差异化才有可能创造财富。

虽然风口创业、趋势创业等是一种思路,但这类创业很难成功,因为蛋糕的大小是固定的,参与的人太多,很难轮到你去分。

有时想在一个领域里赚钱,与其跟大家一样,不如寻找差异。大家都去挤大桥,你走独木桥反而更容易通过。

第九,复利思维。

大家都想赚快钱,但快钱并不那么好赚,不仅需要你有一定的资源和实力,还要承担很大的风险。

怎样才能让自己的本金增加1万倍呢?

巴菲特投资的年化收益率也只有20%,但他却成了世界前十的富翁。而他依靠的就是五十多年的投资收益复利,收益超过了1万倍。

第十,时间思维。

每个人的一天都是24小时,有的人一小时能赚1个亿,有的人一小时可能只能赚10元钱,差别到底在哪里?

差别就在于时间对不同的人来说,具有不同的价值。时间要比金钱重要得多,赚钱的本质就是在卖时间,想要在相同的时间里赚更多的钱,就要具有时间思维,像商人一样把时间低买高卖,买的时间越多越好,卖的时间越贵越好。

不具备时间思维的人,也意识不到时间的重要性。他们认为金钱大于时间,有时为了省几元钱的打车费用,会在重要的会议上迟到,殊不知,花钱买下来的时间可以帮助自己赚更多的钱。而那些越来越顺的人却清楚地知道时间的重要性,认为时间比金钱更重要,只有把时间卖出很多份,才能让自己像火箭一样,脱离地心引力,越飞越高。

以上就是真正的有钱人具备的赚钱逻辑和思维,你若具备其中的几种，也可以积累一定的财富。

　　人追钱会很累，钱追人才容易。具备赚钱思维，具有吸金体质，才能把财富吸引到自己身边，进而高效地获取财富。

超经典的 10 个赚钱思维
为什么有人挣钱快？为什么有人能挣大钱？

思维

因为有人掌握了赚钱的思维。
一旦掌握了赚钱的思维，
你就会进入赚钱的正循环当中。

超经典的赚钱思维

- 第一，专业思维
- 第二，精益思维
- 第三，长期思维
- 第四，圈子思维
- 第五，利他思维
- 第六，模仿思维
- 第七，矩阵思维
- 第八，差异思维
- 第九，复利思维
- 第十，时间思维

避免财富陷阱

在职场上,我听过的最大谎言就是:工作越努力,赚的钱越多。

按照这种思维,如果你想让自己的收入向上翻 5 倍,是否意味着也要增加 5 倍的工作量?

我相信很多人会有这样的想法,并且在他们的职业生涯中,已经习惯了用时间去换取金钱,却从未想过利用自己的背景、经验、资源、人脉等去提升收入。这就是陷入了财富陷阱。

什么是财富陷阱?其实就是你陷入了一个单一的收入模式当中,只想靠更多的重复方式去追求财富。如果要对这种思维追根溯源的话,可能从我们上学的时候就开始了。在上学期间,我们经常听到"寒窗苦读十余载,金榜题名望今朝""宝剑锋从磨砺出,梅花香自苦寒来"等诗句,意思是只有吃足够多的苦,未来才能过上好日子。所以古往今来,人们都认为一个人在获得成功、富有之前都必须吃很多苦。但是,这并不能证明你比别人厉害、比别人优秀，而只能证明你比别人强一点。只要比别人强，你就能脱颖而出。在这种思维影响下，人们往往也觉得，只要自己比别人付出更多努力、吃更多的苦，收入也会更高。这种停留在一维的思考与认知，使很多人都落入财富陷阱之中。

以前我很喜欢跟同学、朋友聚会，大家一起热热闹闹地吃饭、聊天，很开心。但是后来，我就发现一个问题：当我提出一个问题或观点时，其中的一些人总是会条件反射般地立刻否定我，这种反射甚至让我猝不及防，更不知道他们这么做的原因何在。后来我明白了，当一个人根深蒂固地认为一件事只有一个正确答案时，他就会陷入一个陷阱之中，这个陷阱导致他的大脑中再也无法容纳更多有意义、有价值的东西。

如果你也停留在以上的思维和认知当中，那么我要提醒你，你的思维和认知都太古老了，这种单线程思考方式不仅会影响你对事物的理解力和判断力，使你变得固执、狭隘，还会影响你的财富观念，让你始终停留在靠时间甚至靠体力换取金钱的认识模式上。

既然如此，我们能不能摆脱这种财富陷阱，或者避免陷入其中呢？

答案是：完全可以。按照下面我教你的方法，你完全可以远离财富陷阱。

首先，增加知识量。

阅读是提升认知水平最好的途径之一。书读得少，见识难免受限，思维难免浅薄，在面对生活中的诸多问题时，也难免会陷入狭隘的认知局限。

有人可能会说,自己平时太忙了,没有时间读那么多书,怎么办?

其实除了读书之外,还有一种非常有效的提升认知的途径,就是知识付费课程。现在的网络平台上有各种各样的课程,相当火爆。很多人会以这种方式学习,希望借助他人的知识和经验摆脱自己过去的认知水平,让自己的认知不断提升,不断适应这个社会的发展。

所以,想提升自己的认知,我们也可以找一个正确的人或一门正确的课程去学习,并且要学习整套的思维逻辑,努力让自己成为一个拥有多元思维的人。这样你在面对问题时,才能从更高认知层面去思考和解决问题,而不会陷入一个单一的陷阱之中,无法自拔。

其次,摆脱安逸的生活。

我在讲课时,经常遇到一些20多岁的年轻人向我咨询,但他们咨询的内容不是如何创业、如何提升自己,而是如何才能在公司里待得更稳定。

每次遇到这样的问题,我都很无奈。这个年纪本应该是学知识、闯世界的好时期,他们却想着如何让自己过得更安逸。所以,我就反问他们:"你是喜欢安逸,还是喜欢拼搏?"他们回答:"我现在想要稳定、安逸一点儿。"我再问他们:"那你想当个普通人,还是想当个不普通的人?"他们回答:"肯定想做个不普通的人。"

你看,这就出现了矛盾:你不想做普通人,却又喜欢安逸、稳定的工作和事业,这能不纠结吗?

当一个人的核心认知和核心动作出现巨大问题时,他注定无法再成为一个不普通的人。因为任何一个不普通的人都是在不停地"折腾",哪怕是在生活中,跟一大群人在一起时,他也永远是那个指挥者、安排者,而不是一个安安稳稳坐在一旁等待别人安排的人。你想成为一个不普通的人,至少应该做一些不普通的事才行。

最后,舍得放下自己的面子。

我有一个同学,从上学时就很有能力,我曾一度把他当成我的偶像。后来在一次同学聚会上,我听说他在职场上做得不太理想,就想帮帮他,邀请他来我的公司,结果他推三阻四一直没有来。

去年,我又听说他失业了,因为他的专业太古老、太传统了,包括他的思维方式,也一直停留在 20 年前,无法再适应现在职场的各种需求。于是,我再次邀请他来我这里上班。有一次,我们公司举行大型活动,我特意向他发出邀请,希望他能一起过来看看我们的客户都有谁、我们是一家做什么的公司,继而留在我们公司工作,但他还是没来。后来我跟一位同学聊天时,说起他的情况。同学告诉我,他一直拒绝我是因为太要面子,不好意思,觉得跟我在一起会让他不舒服。

这件事让我颇有感触,一个人一旦陷入认知陷阱,可能就不愿意再与比自己强的人接触,觉得这是件很丢面子的事。但是,真正有认知思维的人,哪会在意自己的面子重要不重要呢?他们更在意的是，如何让自己的生活过得更好，如何与更多优秀的人接触，获得更多的资源，提升自己的认知和格局。

  要避免陷入财富陷阱，你就要努力把自己变成一个多元思维的人，寻找多种发展渠道，而不是只依靠时间和努力来换取金钱。靠时间和努力虽然能让你暂时获得相对稳定的收入，但一旦停止劳动，你就会落入陷阱，停滞不前。

避免财富陷阱
如何让自己的收入向上翻 5 倍

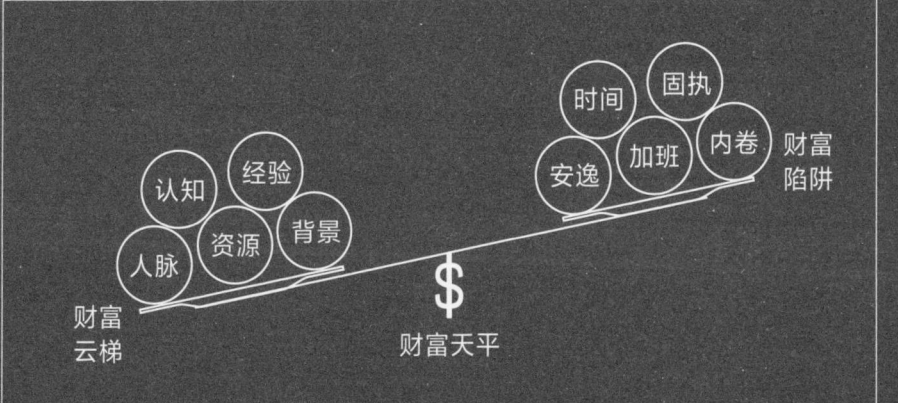

财富云梯：人脉、认知、经验、资源、背景

财富陷阱：时间、固执、安逸、加班、内卷

财富天平 $

远离财富陷阱

首先，增加知识量，突破认知下限。
阅读是提升认知水平最好的途径之一。书读得少，见识难免受限，思维难免浅薄，在面对生活中的诸多问题时，也难免会陷入狭隘的认知局限。

其次，摆脱安逸的生活。
因为任何一个不普通的人都是在不停地"折腾"，哪怕是在生活中，跟一大群人在一起时，他也永远是那个指挥者、安排者，而不是一个安安稳稳坐在一旁等待别人安排的人。

最后，舍得放下自己的面子。
真正有认知思维的人，不会在意自己的面子重要不重要，他们更在意的是如何让自己的生活过得更好，如何与更多优秀的人接触，提升自己的认知和格局。

一个人知道自己为什么而活，就可以忍受任何一种生活。

复盘时刻

1. 如果你也想赚取更多的财富,就要先建立良好的信用。

2. 决定一个人贫穷还是富有的,并不完全是他所拥有的金钱,而是信息、知识、智慧和实践能力。

3. 一切的财富积累,都是认知和行动的变现。

4. 不管你是想提高个人收入,还是想提高公司收益,会做难的事情,就等于在永久性地提高收入。

5. 我们在做一件事情的时候,别人的帮助就是最宝贵的资源,别人的指导就是最宝贵的资产,别人的提携就是最宝贵的机会。

REPLAY

6 思维方式改变你的一切行为,结果最终决定你的个人收获。

7 做事的方向不对,所有努力都白费,这时在错误的方向上停下来才是最好的选择。

8 方向是你对未来的预判,普通人想要选对方向,要么有非常敏感的方向感,要么有厉害的人的帮助和指引。

9 做任何事情,都要有一米宽、一千米深的决心,如此你才有更大的可能获得成功。

10 要避免陷入财富陷阱,你就要努力把自己变成一个多元思维的人,寻找多种发展渠道,而不是只依靠时间和努力来换取金钱。

Part 5

修炼领导力

一群人一起成事

领导者最重要的三件事情是找方向、找人、找资源，并且这个顺序不能错。

4 项关键技能修炼你的领导力

创业的道理通常有两条：一条的存活率仅为 10%，其中充满了挑战，但也充满了希望；另一条则是近乎 90% 的淘汰之路。

如果你是一个创业者，想要摆脱被动局面，勇往直前，最大限度地实现自己的人生价值，你会做出怎样的选择？

创业是一个辛苦异常又险象环生的苦差事，艰辛程度是难以想象的，有过创业经历的人一定深有感触。我身边有一位知名的商业巨头，他曾告诉我，在创业最艰难的时候，他常常感觉自己生不如死，但是又不甘心放弃。这种创业者所遭遇的痛苦挣扎，就是他们迈向巅峰的陪伴。只有内心足够强大的人，才能走完这段艰辛之路。

虽然创业艰辛，但很多人还是会毅然决然地走上这条路。许多创业者内心也都有自己的企业家偶像，尤其是那些具有传奇经历的企业家，其个人领导力对整个企业乃至行业的深远影响，已经成为企业文化的沉淀，流传数十年甚至更久。但是，大家会发现，一些企业家在成功之后，经常会向大众介绍具体的领导方法，如沟通技巧、员工激励，以及如何提升个人影响力等。尽管这些对创业者的领导力提升有益，但我认为这些都属于战术层面，而非战略层面的内容。正如一幢漂亮的房屋，建造它的砖瓦固然重要，但这个房屋的结构更关键。结构决定基本框架，倘若结构出了问题，再华丽的装饰都没有意义。

通过长时间的深入研究，以及我个人的工作经验和创业经历，我总结出了从战略层面提升领导力的四个关键性因素。

第一，领导者要善于驾驭自己。

众所周知，领导者的首要任务是领导他人，但是，领导者最先要领导的对象应该是自己。管理与领导的区别在于，管理是通过管理工具控制或驱使他人被动地行动，而领导则是通过自身的影响力去感染和激励他人。对于管理者来说，他们往往是在被动地工作，领导者则更愿意主动地投入工作。所以，领导者要求别人主动投入工作，自己必须率先垂范，主动投入工作。比如说，领导者要求下属诚信，领导者自己必须先做到诚信；领导者要求下属在工作中全力以赴，自己也必须先做到全力以赴。**如果领导者无法做到身体力行，只要求员工去做，那只能称为管理者，而非领导者。**

华为创始人任正非先生在给员工的一封信中，曾有这样一段很著名的话："要在茫茫的黑暗中，发出生命的微光，带领着队伍走向胜利。战争打到一塌糊涂的时候，高级将领的作用是什么？就是要在看不清的茫茫黑暗中，用自己发出的微光，带着你的队伍前进；就像希腊神话中的丹科一样，把心拿出来燃烧，照亮后人前进的道路。越是在困难的时候，我们的高级干部就越要在黑暗中发出生命的微光，发挥主观能动性，鼓舞起队伍必胜的信心，引导队伍走向胜利。"

我希望大家能认真读一读这段话，感受一下任正非先生对领导者的重新定义。

许多领导者花费大量的心思去领导别人，却忽略了自己才是最重要、最应该被领导的人。如果自己无法很好地领导自己，那也注定无法领导别人。

第二，领导者要善于探索使命。

管理大师德鲁克有著名的"经典三问"：你的事业是什么？你的事业将是什么？你的事业究竟是什么？

我认为，所有的领导者都应该回答一下这三个问题。**一个合格的领导者，不但应该是一个团队的组织者，还应该是企业使命和愿景的传达者，要确保员工能够在了解企业使命和愿景的前提下，自动自发地投入工作。**

当下属能够了解领导者工作的目的、意义和长远目标时，他们才会更加信任领导者，更愿意追随领导者。同时，领导者还要激发和协助下属制定他们的使命与愿景。使命不仅仅是一种利他行为，本质上更是一种自我管理能力，它可以协助我们整合自身资源，将关注点集中在对社会、对他人有价值的事业上来，从而持续地创造价值。当工作成为员工使命的一部分时，他们才会感受到工作的意义，也会更加主动地投入工作之中。

企业的使命就是企业战略的起点，职场人士的使命则是他们成功的起点。**能够帮助员工找到他们的使命、实现他们使命的领导者，才是员工生命中的贵人。而当领导者找到组织的使命、自身的使命和员工的使命的交叉点的时候，三者的能量才会产生核聚变一般的效应。**

第三，领导者要成为导师。

领导者不但要做员工的教练，专注于传授专业知识，在具体的工作和业务上给予员工有益的指导，还要做员工的导师，在传道授业解惑的同时，对员工的未来成长进行辅导，向员工传递企业价值观和方法论。

现如今，特定的业务知识已经逐渐被淘汰，但许多知识背后的理念和方法是长久不衰的。举个例子，一个过去在报社工作过的人，如果他的知识仅限于报纸这一载体，那么随着传统媒体的衰落，他的知识就会变得毫无价值。但是，如果他能掌握传播的理论，即使报纸消失了，他的知识也依然可以在媒体领域内发挥作用。

绝大多数的管理者都秉承着目标导向的理念，为员工设定KPI（关键绩效指标），并通过KPI驱动员工自我管理。KPI自然很重要，但如果员工缺乏良好的工作习惯，企业绩效仅仅通过激励才能达成，那么员工的工作热情就会慢慢消退。这对于企业的长远发展是非常不利的。

反之，员工如果能养成良好的工作习惯，就能理解努力工作与实现绩效之间的因果关系，也就会更愿意为"果"负责。**当员**

工为"果"负责得越来越多,工作的"因"也会变得越来越强,由此也更能够确保企业业绩的稳定与增长。

与一次性投资抓绩效的目标相比,培养员工良好的工作习惯才是长期的投资,并且回报也是长期的。这不仅可以带来长期稳定的绩效,还能培养人才,成就员工、组织,甚至是更伟大的领导者。

第四,领导者要善于实时反馈。

领导者应该根据员工的实际工作情况及时给出反馈,而不是等到年终评估时才反馈给员工,告诉员工这里不好、那里不对,以及哪些地方需要改进等。只有实时反馈,才意味着领导者在随时关注员工表现,并针对他们的表现进行相应的奖惩。

这有点类似于我们在学校里面做的各种小测试,老师会根据每个学生的测试成绩分析其所掌握的知识点,并根据他们的不同表现给出相应反馈,比如要加强哪些知识点的学习等。如果老师都到期末才去反馈,那我估计不及格的学生会越来越多。

给予员工及时的反馈,不仅能让员工感受到领导者的关心和帮助,还能让员工随时发现自己的价值,从而获得更多的满足感和成就感。但是,有些领导者的确做不到这样,我把这种情况归结为三个原因:

第一,领导者没有关注员工的工作,只关注了结果,所以也无法提供实时反馈;

第二,他们不了解员工的业务,也就无法给出及时有效的反馈;

第三，他们不愿意得罪员工，没有勇气对员工提出负面反馈。

如果领导者缺乏帮助员工成长的初衷，即使发现员工有问题，也是睁一只眼、闭一只眼，最后只好用绩效来代替反馈，这样就很难激发员工工作的主动性和积极性。而员工长时间得不到反馈，便认为自己的工作没有问题，但到季度或年度考核时，却发现自己的绩效被评为不合格，这会让他们非常愤怒，甚至觉得领导就是在故意针对自己。

可见，实时反馈是非常重要的，从某种程度上来说也是一种对员工的激励。如果领导者对员工只注重物质层面的奖励，而忽略精神层面的奖励，那是件很失败的事。物质奖励与精神奖励对于员工来说同样重要。我经常听到我的员工跟我说，他们至今还珍藏着十多年前公司给他们颁发的奖状。

遗憾的是，现在很多领导者都缺乏运用实时反馈这一强大的武器来建立自己的领导力。殊不知，反馈的目的是帮助员工更好地成长，成就自己的影响力，让自己成为一个名副其实的领导者。

4项关键技能修炼你的领导力
创业10%的存活率，90%的淘汰之路

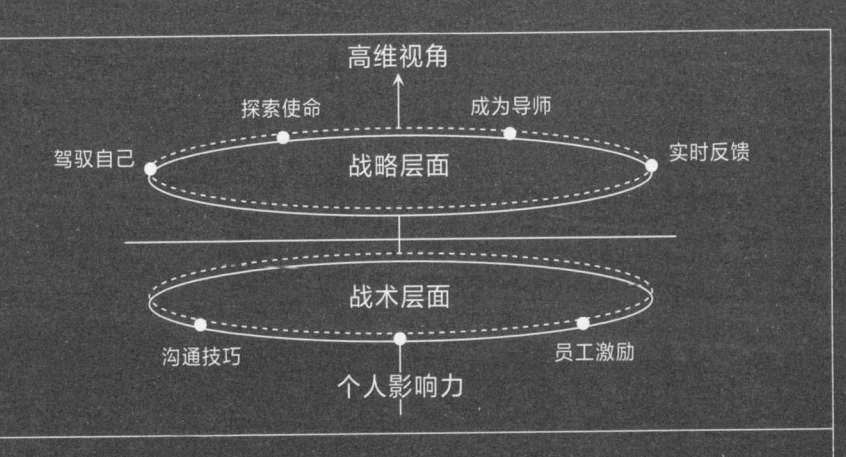

```
                        高维视角
                           ↑
              探索使命          成为导师
        ╱                              ╲
   驾驭自己        战略层面          实时反馈
        ╲                              ╱

        ╱                              ╲
                   战术层面
        ╲                              ╱
     沟通技巧                         员工激励
                  个人影响力
```

战略层面提升领导力

第一，领导者要善于驾驭自己。
管理与领导的区别在于，管理是通过管理工具控制或驱使他人被动地行动，而领导则是通过自身的影响力去感染和激励他人。

第二，领导者要善于探索使命。
一个合格的领导者，不但应该是一个团队的组织者，还应该是企业使命和愿景的传达者，要确保员工能够在了解企业使命和愿景的前提下，自动自发地投入工作。

第三，领导者要成为导师。
当员工为"果"负责得越来越多，工作的"因"也会变得越来越强，由此也更能够确保企业业绩的稳定与增长。

第四，领导者要善于实时反馈。
实时反馈是非常重要的，如果领导者对员工只注重物质层面的奖励，而忽略精神层面的奖励，那是件很失败的事。物质奖励与精神奖励对于员工来说同样重要。

12个方法助力你成为优秀领导者

卓越的领导者,是引领团队迈向成功的人。

对一个企业来说,选拔优秀的员工固然重要,但更关键的是逐步激发员工潜力的能力。

作为领导者,你要认识到自己在员工的工作和生活中所扮演的角色。你要知道,大多数员工在工作中都渴望获得领导者的指导和认可,并获得一定的晋升机会。因此,管理好团队,并确保员工在工作中获得支持,更是领导者的主要职责。

那么,领导者要怎样去实现这些条件呢?

在广泛阅读相关书籍的同时,我与500多位管理者进行过深入的沟通和交流,据此总结出了12个有效的实操方法,在这里提供给企业的领导者学习和借鉴。

第一,领导者要赋予员工在工作中的自主权。

作为领导者,你不需要事事都手把手地教给员工怎么做,只需指明任务的目标,他们就能用自己独特的创意为你带来惊喜。

因为当你指明任务目标后,员工就知道你对他们很信任,并且能确信他们的工作质量、时间管理能力以及寻找完成任务所需资源的能力等,而且给予员工充分的自主权,还能激发团队成员在解决问题的时候相互协作,发挥创造力,从而产生强烈的激励作用。

第二,领导者要成为办公室的典范,命令仅能指挥人,榜样却能吸引人。

身为领导者,你应该在工作之中扮演着榜样的角色,这是你的一个使命,这一使命也将影响着你在办公室中的行为。要做好榜样,你务必确保为自己设定的标准要与团队成员的一致,甚至比对团队成员的要求更高,恪守自己的责任和公司价值观。

比如,你告诉团队成员要重视项目截止的日期,那就必须确保自己不会在工作中掉队。

又如,你强调员工要准时上班,那你在他们之前到,或者与他们同时到达公司就至关重要。这样,你才能为整个团队定下基调,明确自己的期望。

第三,领导风格必须与员工个体和谐共融,包容人性的多样化。

每一个领导者都有自己独特的领导风格,但也必须具有博大的胸怀,允许员工有多样化的人性,并根据员工需求巧妙地调整自己的管理风格,避免企业沦为简化员工个性的流水线。斯坦福大学的一项研究表明,领导者在适应不同员工和环境的时候,可以更加有效地解决问题,并与管理对象建立深厚、紧密的关系。

第四，领导者犯错，也要勇于道歉和承认错误。

无论多么优秀的人都会犯错，但是作为企业的掌舵者，领导者犯错后一定要有敢于道歉和承认错误的勇气。尤其在一些关键时刻，勇于道歉、勇于承担错误的领导者，往往更容易赢得员工的信任，继而更好地领导团队。

哈佛大学的一项研究表明，领导者在管理团队时，最重要的是让团队明白，领导者并非无所不能，也会犯错。领导者在承认错误的时候，也要赋予员工同等的自由，将其视为学习的机会。这样一来，团队与领导者之间的关系就是长短板结合的关系，而不是博弈关系。

第五，领导者要控制好情绪，冷静地做决策。

在很多时候，领导者更容易陷入团队错误或成功当中，受到情绪控制，做出激进或消极的决策来。

麻省理工学院的研究显示，领导者需要努力保持冷静的头脑，在面对错误的时候，避免贸然下结论。同样，在获得成功时，也不可在团队尚未做好准备的情况下，做出非理性的、激进性的、操之过急的决策。一个能够驾驭情绪的领导者，往往可以胜过征服城池的大将军。

第六，领导者要善于选拔人才、重用人才。

许多企业领导者经常把自己的工作安排得满满的，凡事都亲力亲为，力求完美，其实这很容易让他们陷入困境之中，既不能把每件事都做好，还无法培育出优秀的团队，更无法激发出团队成员的才华和能力。优秀的领导者之所以优秀，就在于他们善于选拔人才和任用人才。在用人的时候，也是思考某个人能够发挥何种作用，而不是考虑满足职位的要求。

麻省理工学院的研究表明，优秀的领导者会将重心放在选拔人才与机制的设计上，即使员工在工作中表现得很出色，也仍然有可能存在潜藏的才能。所以，领导者要尽量与每位员工会面，了解他们的兴趣和优势，为员工创造自主的工作环境，确保员工充分发挥潜力。

第七，领导者要与团队同呼吸、共命运，一起经历患难。

领导者独当一面，但个人的力量终究有限。许多企业在发展到某个阶段时，都会迎来非常好的局面，这时员工往往都以领导者为核心，团队凝聚力和目标感十足，短时间内也能高效地解决问题。

但是，随着企业规模的不断扩大，众多企业便逐渐出现绩效管理混乱、增长乏力等问题。这时，作为核心领导层，领导者就要意识到，在问题集中爆发时，领导者应该积极融入团队之中，与团队成员并肩作战。只有始终从团队角度去审视问题，才是一个领导者该做的事情。当团队面临挑战时，领导者也要深入战斗，为团队贡献力量，与团队共同患难、共同庆祝胜利。当员工感受到领导者关注团队成果，了解成员间彼此互动的方式时，彼此间的信任关系才会深化，战斗力也会倍增。

第八，领导者要学会投资员工、培训员工。

在企业中，投资员工，对员工进行培训，是企业风险最小、回报最大的战略性投资。招募现成的优秀员工只能为企业带来短期收益，真正具备长期价值的行为是在企业内部建立有益于员工成长的良性体系与机制。

哈佛大学的研究曾指出，企业应定期收集员工培训的需求，倾听一线员工的声音，制订培训计划，并安排培训活动，确保员工获得适当的培训，拥有所需的资源，并优秀地完成工作；鼓励员工与同行业志同道合的人去参加会议和研讨会，从他们身上汲取经验，为企业发展贡献力量。

第九，领导者要慎重选择团队成员。

俗话说："道不同，不相为谋。"这句话意味着意见或志趣不同的人是难以共事的。

企业的团队文化与气质是团队持续提供生产力的重要标签，由于团队成员需要日常共事，彼此的活力和工作氛围至关重要，所以在招聘员工时，就要考虑到每个人的个性以及可给工作场所带去的影响。要招聘那些内心能真正融入团队并能协助团队成功的人，而非那些拥有丰富经验，但与团队核心理念与价值观格格不入的人。领导者要聚焦选拔人才、投资员工及团队合作，与团队共度风雨，共享成功。这样的领导者，才能提高团队的凝聚力和战斗力，进而带领团队走向成功。

当然，在这个过程中，领导者也要保持适度的谦逊、冷静的头脑，并深刻关注团队成员的成长，将这些要素融入领导风格当中，可以帮助团队在未来的发展道路上取得更好的成就。

第十，领导者要善于为团队提供解决问题的资源。

很多领导者在企业出现问题后，大发雷霆，严厉地指责下属。

其实，此时最应该做的是深入了解问题本质，弄清问题出现的原因到底是团队能力、方法出了问题，还是资源支持出了问题。在一个庞大的组织体系当中，获取资源是一个很具有挑战性的问题，为了取得团队任务的胜利，员工需要获得适当的设备和资源，缺乏这些，员工就很容易感到被忽视或者不成功。所以，领导者应学会保持与团队工作内容的沟通和洞察，在团队工作受阻时及时提供支持。

第十一，不让团队过度内卷，帮助员工平衡好生活与工作。

员工真正的快乐，源自对生活的乐观、对工作的热爱和对事业的热忱。许多领导者虽然口头上经常鼓励员工要平衡好工作与生活，却不能身体力行，殊不知，过度投入工作反而会降低工作效率。为此，领导者应尝试在合理的时间里与员工一起放松，并且将娱乐与工作划分界限。

第十二，领导者要有强大的应变能力。

企业在发展过程中，会遇到各种各样的变化和突发状况。但这些并非全是威胁，领导者要具备应对突发状况的能力，比如员工辞职、项目超出预算，以及各种各样可能预料不到的情况。在这些场合下，你要迅速决策出最佳的前进方向，了解何时需要改变方向至关重要。

具备强大应变能力的领导者，可以成为团队里的中坚力量，面对巨大的困难和挑战时也能为团队带来安定，化险为夷，甚至创造出新的机遇。

对于每一位领导者来说，上面的这 12 条实操方法都应该成为你的必修功课。我甚至认为,你应该将这 12 条方法完全记在脑海里,并形成条件反射,这样才能在应用时达到最佳效果。

一个卓越的领导者,总的工作原则应该是抓大放小。我一直强调,**领导者最重要的三件事情是找方向、找人、找资源,并且这个顺序不能错。方向正确,团队优秀,资源就会主动找上门来。**所以,领导者要努力修炼以上这些能力,成为一个可以点燃员工激情、带领企业不断上升的带头人。

12 个方法助力你成为优秀领导者
卓越的领导者，是引领团队迈向成功的人

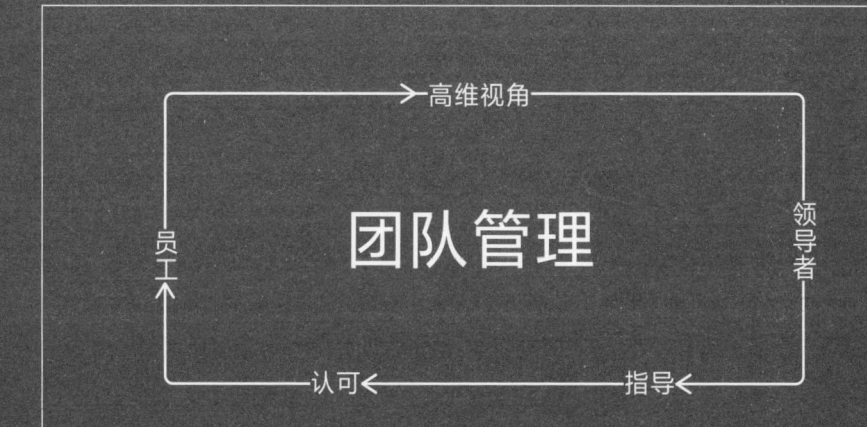

团队管理

员工 → 高维视角 → 领导者 → 指导 → 认可 → 员工

实操方法

- 选拔人才 重用人才
- 赋予员工自主权
- 同呼吸 共命运
- 强大的应变能力
- 成为典范
- 和谐共融
- 包容人性
- 投资员工 培训员工
- 承认错误
- 帮助员工 平衡生活和工作
- 控制好情绪 冷静决策
- 慎重选择团队成员
- 提供解决问题的资源

领导者如何让自己的时间更值钱

为什么有些企业家、领导者可以在有限的时间内获得巨大成功，而绝大多数人都难以实现这一点？

关于这个问题，著名企业家李嘉诚先生或许可以给我们一个答案。他曾在自己的自传中写道，自己一天只有 24 小时，如何才能完成所有事情呢？答案就是优先级。他认为，时间就像一瓶装满了大石头、小石子、沙子和水的玻璃瓶，如果你先把水倒进瓶子，那么大石头、小石子和沙子就没办法放入更多；相反，如果你先放大石头，再放石子，再放沙子，最后放水，那么所有东西都能很快放进去。

你可能会说："这个道理很简单，谁都知道，也没什么大不了的嘛！"

那么我要问你："既然你也知道，为什么你没有去实施呢？"

厉害的人与普通人的区别就在于，**厉害的人知道简单的事情才重要，而普通人认为复杂的事情才重要**。根据"二八原则"，

80% 的效果是由 20% 的原因产生的，同样，工作中也只有 20% 最重要，但它可以产生 80% 的效果。这就意味着，**优秀的领导者必须确定优先处理这 20% 的重要的工作，以获得最大效果。**

时间对于每个人来说都是有限的，也是公平的，我们必须聚焦于最重要的事情。事情并不是做得越多越成功，而是做得越少、越精练才能取得更大的成功。那些优秀的企业家、领导者，就是懂得设置处理事务的优先级，通过确定和处理最重要的任务，有效利用自己的时间，从而取得了卓越的成就。

优先级是一种可以通过反复实践而形成的良好习惯，可以帮助我们更有效地利用时间，提升生产力。李嘉诚先生就曾经说："只要你把重点放在最重要的事情上，时间就会利用得很有价值。"任正非先生也说过一句话："不要在非战略机会点上消耗战略性资源。"这句话与把时间优先利用在最重要的事情上是一个道理。

当然，优先级并不是说其他事情就不做了，忽视其他事情，而是要按照事情的重要性来安排时间。除了重要事情外，我们可以把其他事情放在次要位置，或者委托其他人处理，从而让自己有足够多的时间和精力处理最重要的任务。

在这个问题上，海尔集团创始人张瑞敏先生提出的"三选一原则"很值得我们借鉴。简单来说，就是每次只选择其中三件最重要的事情来完成。海尔发展初期，张瑞敏面临很多紧急的任务和问题需要处理，他意识到，自己无法同时处理所有任务和问题，因此将所有问题和所有事情进行分类，再进行筛选，通过这种方式集中精力和资源处理重要问题，推动着公司向前发展。

与张瑞敏处理问题的方法相似的，还有联想集团前 CEO 柳传志先生。他提出了"每天必须考虑五件事"的概念，即每天必须完成五件重要的事，以确保自己每天都可以处理完最重要的任务。这五件事包括参加会议、处理邮件、关注业务的发展、社会上的应酬，以及与员工一起沟通学习等。

以上两位企业家利用时间的方法都在提醒我们，要学会设置任务的优先等级，不仅要考虑任务的紧急程度，还要考虑任务的重要性。这既能帮助你更加有效地完成任务，也能减缓你面对较多任务时的压力和焦虑，同时还可以避免你在一些次要的事情上花费太多的时间和精力，让自己可以更加专注、有条不紊地完成任务。

在日常的生活和工作中，企业领导者也可以借鉴这种方法来处理自己的事务。具体来说，可以按照下面的步骤进行。

首先，列出任务清单，并按照任务的重要程度进行排序。

你可以先把自己在一段时间内（如一天、一周等）要完成的任务如实地记录下来。这个步骤就像整理衣柜一样，最重要的是把所有的"衣服"全都找到，确保没有漏网之鱼。当所有任务都呈现出来后，再把这些任务一一分类，找出这段时间内最重要的任务。

其次，确定最重要的任务，一件一件地处理它们。

找到最重要的任务后，接下来就规划好时间，一件一件地处理这些重要的任务。你也可以按照任务的重要程度和紧急程度分一下类，并优先处理那些既重要又紧急的任务。在这个过程中，一定要尽量保持专注，减少干扰和分心，确保任务高效完成。

最后，定期复盘任务清单，根据需要进行调整。

在任务完成后，你还需要定期回顾和复盘一下任务清单，看看自己在某段时间内都做了什么，是否按原计划完成了各项任务。如果没有完成，原因是什么？应该怎样改进？等等，之后再根据实际需要进行调整。

我可以用我自己的一个小故事跟大家分享一下，我是如何处理每天面临的各项任务的。当我处理那些重要且紧急的任务时，我是完全不看手机的，甚至切断一切通信设备，让自己进入思考状态，专心地处理眼前的工作。甚至在我要写课程、写方案的时候，我会先给自己一个小时的助跑时间，在这一小时里，我也完全不看任何通信工具，不看任何邮件和新闻。简单来说，就是完全断网，并与家人、同事提前说好，尽量不要来打扰我。这一个小时的助跑时间，可以让我快速进入一个安静的氛围当中，之后开始工作时，我也能迅速进入状态，一件重要的事情可能只需要10分钟就能高效完成。

可见，用最佳的精力处理更重要的事情，就会给你带来更好的结果。**作为领导者，成功就取决于在重要的时间做重要的事，而不是做很多的事，**这样才能让你的时间更值钱，让你的领导工作更高效。

领导者如何让自己的时间更值钱
为什么有些企业家、领导者可以在有限的时间内获得巨大成功

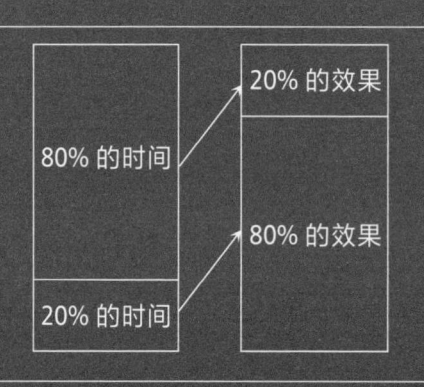

| 80% 的时间 → 20% 的效果 |
| 20% 的时间 → 80% 的效果 |

优秀的领导者必须确定优先处理这 20% 重要的工作,以获得最大效果。

首先,列出任务清单,并按照任务的重要程度进行排序。
你可以先把自己在一段时间内(如一天、一周等)要完成的任务如实地记录下来。再把这些任务一一分类,找出这段时间内最重要的任务。

其次,确定最重要的任务,一件一件地处理它们。
找到最重要的任务后,接下来就规划好时间,一件一件地处理这些重要的任务。

最后,定期复盘任务清单,根据需要进行调整。
在任务完成后,你还需要定期回顾和复盘一下任务清单,看看自己在某段时间内都做了什么,是否按原计划完成了各项任务。

作为领导者,成功就取决于在重要的时间做重要的事,而不是做很多的事。

创业要低起步，高抬头

找到竞争对手不是创业者的目标，而是达成目标的手段。

创业的终极目标不是超越竞争对手，而是实现自己的愿景。

我在讲课过程中，经常有学员问我："老师，我现在30多岁了，想要自己创业，我该怎么做呢？"

很多人走上创业之路，最初的动机都是改善自己的经济状态，改变自己的命运。但是，想要创业，你首先要有自己的优势，比如你的嗓音好听，外形很好，形象和谈吐也很好，而且你在自己爱好的领域中还有可以挑出来的强项或优势，如健身、懂软件、会营销等。

现在是一个平权的时代，每个人都有机会在公众面前展现自己，每个人也都有机会在互联网发展的过程中找到自己的位置，所以越来越多的人会选择通过创业来展现自己。只是创业并非易事，有机遇，也有竞争，并且竞争非常激烈。简单来说，创业如同逆水行舟，在竞争中没有进步，你就可能被市场所淘汰。

当然，每一个热情创业的人，肯定都是抱着成功的目标去的，而想要成功创业，我有三条建议给到你。

第一，组建自己的创业团队。

我以前也曾多次创业，现在回想起来，那时的我就是个"杠精"，因为别人跟我说什么我都听不进去，还觉得他们的想法都不对。后来我发现，我身边的人越来越少了，遇到问题没人帮我了，这时我才发现我自己有多糟糕。

坑是我自己挖的，也是我自己跳下去的，没有一个是社会给我的，原因就是我对自己过于自信了。好在后来出现了一个重要转折，我才开始继续跟别人合作，组建自己的创业团队。

在很多人看来，创业第一个要解决的问题是资金问题，其实不是。有些时候，缺少资金反而是我们最大的优势，因为我们可以拉人投资。**真正要解决的第一个创业问题，是学会借助身边人的智慧、智力和资源。**具体来说，就是先把自己的人脉圈层做一个划分，区分出谁可以成为你的合伙人。比如，你的专业能力很强，但你的运营能力弱，这时你就要找一个运营方面强的人合作；你做产品方面强，但是销售能力弱，那就要找一个销售方面能力强的人合作。

接下来，你就可以组建自己的创业团队了，这是创业非常核心的一件事。柳传志曾经提供一个非常重要的逻辑：**搭班子、定战略、带队伍**。这个次序是不能乱的。其中，搭班子就是找到能跟自己合作的人，然后大家凑在一起，集人心、人力、人才于一体，再商定这件事该怎么干。比如说，我在健身方面有优势，可以带着大家一起健身，那么我可以贡献自己的专业、时间和能力，塑造一个大家共同的愿景和价值观，然后让大家一起来完成这件事情。

很多人在创业时，一开始是自己干，干成以后再招一堆人来干，这是错误的。我要给所有有创业梦想和创业想法的人提个醒，你先凑钱开公司，再招聘员工来做事，这个次序是反的。因为在招人的时候，看到别人的简历，你会习惯性地招自己喜欢的人，比如某个人学历高、销售能力强，等等。但实际上，**我们最先找的应该是那些喜欢我们的人，大家一见面就感到很开心，也愿意一起做一些事情，这样的人才能一起创业**。有的人虽然学历高、能力强，可是一见面就感觉不爽，那是无法一起做事的。

把场域、能量建立起来，找到一群志同道合的人，才是创业的第一步。有了创业的"班底"，做事时才能突飞猛进、一日千里。

第二，找好项目，然后持续不断地向一个方向努力。

在创业过程中，第一步是融人，第二步就是融资。如果发现团队资金紧缺，无法开展主业，那就先找一些超额的高毛利项目去做。等融到资了，再去做主业。

在我的职业生涯中，就有一段在顶级外资公司做咨询顾问的工作经历。这家外资公司名叫科特勒咨询集团，我当时就是去那里应聘咨询顾问，第一次面试时，面试官问了我一个问题，当时就给我问蒙了，他的问题是："今天的原油多少钱一桶？"我当时完全不知道。接着，他问了我第二个问题："今天的黄金多少钱一盎司？"我也完全不知道。结果可想而知，我应聘失败了。

但我当时就想进这家公司，于是退而求其次，成为这家公司的销售人员。随着我的销售业绩不断提升，我也终于引起了公司领导的注意，最终我如愿以偿地成为公司的咨询顾问。

这段经历也让我学到了更多的创业经验，后来自己创业时，我就会先找一个赚钱的项目做，等赚到钱后，我再用钱去拓展自己的人脉和各种资源，寻找更好的创业机会。用这种"曲线救国"的方式创业，才更容易成功。

第三，明确自己创业的最终目标。

在确定了自己的创业主业后，我们就要明确自己创业的最终目标。比如我做教育，这就是我一辈子的主业。未来不论出现什么样的变化，在我能力和资源足够的情况下，我都会永远把教育作为自己的主业。

创业需要有规划、有人脉，更要有目标，还要让目标落地，这样成功率才会高。创业最忌自己干，一旦遇到困难和风险，你可能一点抵御能力都没有。如果用一句话来总结创业历程，就是：**低起步，高抬头，中间出手拿现金**。这就是我给大家的创业建议。

创业要低起步，高抬头

找到竞争对手不是创业者的目标，而是达成目标的手段

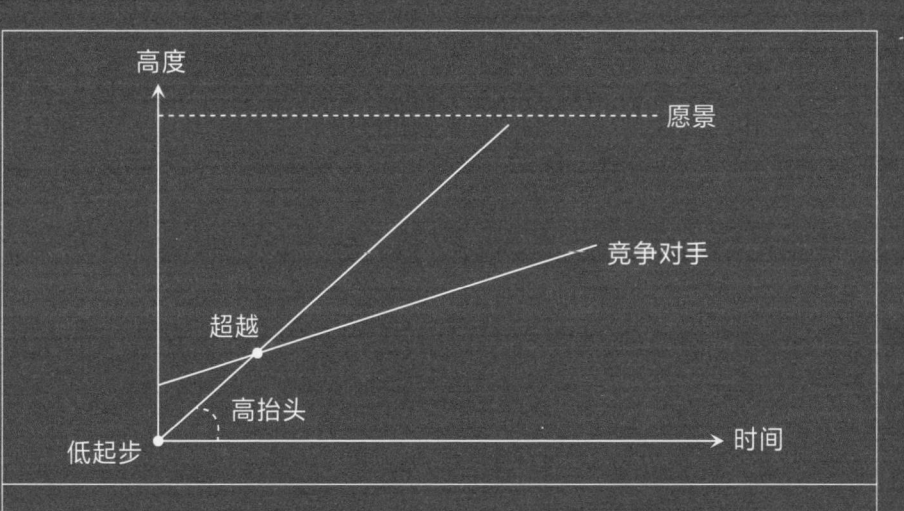

```
高度 ↑
     |────────────── 原景
     |         ╱
     |       ╱    ─── 竞争对手
     |    ╱────
     | 超越
     |╱
     |  高抬头
低起步 |──────────────→ 时间
```

三条创业建议

第一，组建自己的创业团队。
真正要解决的第一个创业问题，是学会借助身边人的智慧、智力和资源。

第二，找好项目，然后持续不断地向一个方向努力。
在创业过程中，第一步是融人，第二步就是融资。

第三，明确自己创业的最终目标。
创业需要有规划、有人脉，更要有目标，还要让目标落地，这样成功率才会高。

把副业变成自己未来的事业

学了很多,懂得不少,但职业发展内卷严重。

想发展副业,却发现选择困难,身边没有领路人,不知该如何把副业变成自己未来的事业。

怎么突破这些职业"瓶颈"?

副业是什么?

副业一定不是开滴滴,不是增加主业之外的附属收入,不是每个月增加几百元的菜钱。每个人的时间和精力都是有限的,我们能做的事情也是有限的。

我有一个朋友,平时想法特别多,因此开了好几个公司。我曾经跟他说:"人的精力是有限的,虽然你有很多想法,也很有能力,但开这么多公司你干不过来!"他一开始不相信我说的话,结果前几天给我打电话,说:"我觉得你说得很对,我现在确实是应付不过来了。"

任何副业都需要占用业余时间和额外精力,想把副业做好,

首先就要选择一个未来发展可以超过主业的副业，这样的副业才有意义。

做副业是会很孤独的，主业有人和你一起管理、一起承担，副业却需要你单兵作战。我在创业初期就非常痛苦，因为在职场当中，出现决策错误，或者犯了其他的错误，我可能会被处罚，大不了丢了工作，再找一份新工作就可以了，但是在副业中，我所做的任何决策都要自己来承担后果，我花出去的每一分钱也都要自己负责。所以，选择副业一定要谨慎，要根据自己的优势和实际情况来选择。挑选副业不是选择行业，不是说某个行业正处于巅峰，某个行业发展很快、很强，我们就要跟进。任何行业都有好与坏、强与弱，既然选择做副业，就要选择一个最适合自己的副业。

做副业需要找到一个好教练，这是做好副业的一个前提。

一开始做副业，你可能只是自己做，但慢慢你会发现，一个人做会犯错，而且犯了错还没有人指正，这就会让副业发展走向弯路。

要避免这种情况，我们就要找到一个好教练，建立一个教练团，或者寻找一个好平台，让平台带着我们一起前进。在有经验的人带领下做副业会省时省力，因为方法已经被千万人证实过是有效的了。

还有最重要的一点，就是一定要找到一个可持续发展的行业。

很多人经常被"朝阳产业"这个词迷惑，认为这样的产业才有市场前景。但我身边一位非常厉害的朋友跟我说："不要去追风口,追风口的都是被上一个风口淘汰的人。你看那些做烟草的人、搞能源的人追风口吗?那些手里握着大把资源的人追风口吗?当然不追。因为人家所在的行业、所拥有的资源已经足够自己发展上百年了。"

这就提醒我们,做副业也一定去寻找那些稳定发展、稳定增长很多年、成熟且有大量需求的行业。我们是一个个体,不是呼风唤雨的人,也不是一上来就能做成腾讯、华为、阿里巴巴的人,所以风口与我们没有太大的关系。风口既能把"猪"吹上去,风停了也能让"猪"掉下来。**我们个人的精力、时间、能力都有限,做副业不是为了冒险、博大,而是为了追求稳定和增长,追求个人能力的提升。所以,我们要去寻找已经被证明非常成熟的行业进入。**

在讲师培训课上,我经常会讲到苹果的案例。苹果在发展初期并不顺利,但后来靠iPod随身听翻了身。最开始的iPod没有屏幕,就是个小方块加一个耳机,内存大一点的会有iTunes平台。当时,全世界几乎每个人手中都有一个MP3,国内一些会技术的人甚至利用现成的外包装、零部件、内存卡等设计自己的MP3。但是,苹果就是在这种情况下,选择进入了一个外人看起来已经非常饱和的行业。

苹果为什么会选择这样一个成熟市场,而不选择创新市场呢?

因为苹果拥有自己的设计能力和营销能力,拥有自己独特的体验式商业模式。从表面上看,苹果进入的是一个夕阳产业,而不是朝阳产业,但实际上,它同时进入的也是一个被全世界用户都证明了的天量市场。在这个市场里,它可以充分发挥自己的设计优势、渠道优势、体验店模式等,这些成功都是建立在成熟的基础之上的。

对于堂吉诃德来说,成功可以建立在挑战的基础上;但对于普通人来说,成功需要建立在成熟的基础上。因为我们要的是稳定,不是拼搏。而足够成熟的市场会保证我们在进入的时候有足够成熟的方法可以运用。

举个例子,如果你想开一家线下体验店,体验一下创业的乐趣,我会建议你不要干餐饮,而是干超市。因为你看到好吃的就想拿到市场上卖,这是一种很冒险的行为。**一个企业最大的成本是创新,一个人最大的成本也是创新。**你干了别人没有干过的事情,很可能也需要承担别人没有承担过的后果。而超市是已经被证明可以在市场上很好存活的行业,开了就不容易关,只要超市附近的人足够多,你依靠超市就能有很好的盈利。

我在研讨会课程里还跟大家探讨过,如果你真想做副业,可以先从摆摊做起,不要一下子拿出几十万元、上百万元来创业。我身边有很多大型企业的高管,年收入都不低,结果公司一内卷,自己一膨胀,就从公司离职,自己出来创业了。结果,有几个朋友的店面还没装修完,就开始向我借钱了,因为前期不做预算,还想把店装修好一点,很快就花光了自己的积蓄。想继续做下去,只能硬着头皮四处筹钱。

"梦想创业"的反义词是"实践创业"。梦想创业是自己想

靠梦想去创业，实践创业一定是有方法了才去做这件事。创业都是有方法、有逻辑、有层次的。而很多创业者的兴奋点是在租办公室、买办公家具、招聘新人等拥有一家公司上，而不是在如何经营一家公司上。这就是梦想创业。真正想把副业做成主业的，一定需要有人教、有人带、有人管、有人帮，把梦想付诸实践，才有可能让事业落地，慢慢变成一份实实在在存在的事业。

把副业变成自己未来的事业
学了很多，懂的不少，但职业发展内卷严重

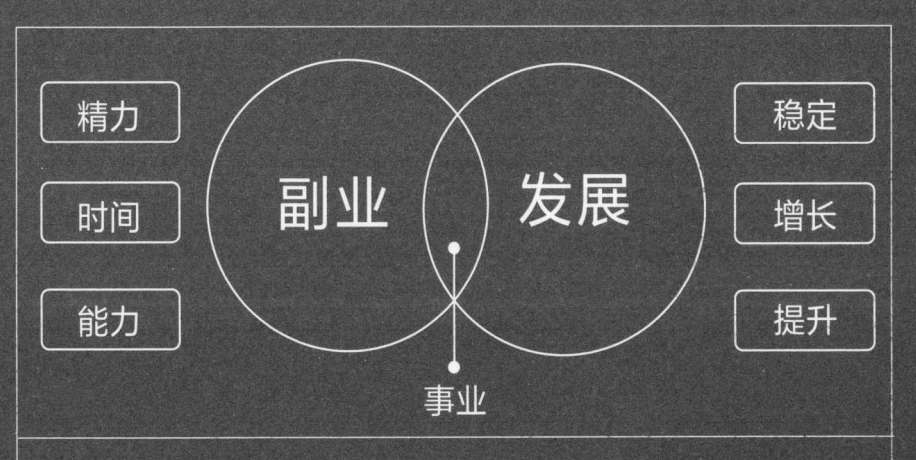

精力	副业 发展	稳定
时间		增长
能力	事业	提升

一个企业最大的成本是创新，
一个人最大的成本也是创新

任何副业都需要占用业余时间和额外精力，想把副业做好，首先就要选择一个未来发展可以超过主业的副业，这样的副业才有意义。

做副业需要找到一个好教练，这是做好副业的一个前提。

我们个人的精力、时间、能力都有限，做副业不是为了冒险、博大，而是为了追求稳定和增长，追求个人能力的提升。所以，我们要去寻找已经被证明非常成熟的行业进入。

梦想创业的反义词是实践创业。梦想创业是自己想靠梦想去创业，实践创业一定是有方法了才去做这件事。

慢下来,与团队保持同频

团队的成功与否,取决于成员之间的合作与思想契合程度。当团队成员的思想不同步时,合作就无法顺利进行。就像一群人试图沿着同一条道路前行,但每个人都有自己的方向,这样的团队注定无法一起同行。

很多年前,我开过一家经营办公用品的公司。随着公司发展越来越快,我感觉管理起来越来越难。于是,我就向我的一位很厉害的企业家大哥请教,我问他:"大哥,现在我公司的发展速度太快了,怎么办?"接着我就说了一堆的情况,比如高层合伙人领会不到我的话的含义,中层干部每天不知道在干什么,基层员工完全不在工作状态……这样一来,领导层的人意见不统一,员工肯定就会蒙。

我的这位大哥听完后,给我说了一段话,当时就让我醍醐灌顶。他说:"你说自己的公司发展速度快,那我问你一个问题:你认为自己走得快叫快,还是大家一起走得快才叫快?如果你想自己走得快，那么你的公司永远都是一个业务型公司，由老板来养活团队；但如果大家都走得快，那才叫真正的团队。如果你们是一个篮球队，你就是一个得分手，可是没人给你传球，你能投进球吗？你不可能一个人打全场。所以，你现在必须要等待队友的成长，而想让队友快速成长，你就要与他们经常沟通。除了平时开会交流之外，你还要在业余的时间多跟他们交流，要与团队时刻保持同频。"

听完大哥的话，我当时就醒悟了。什么是认知？这就是认知。虽然我自己也看了很多书，学过很多管理课，但直到我自己开公司创业，直到我跟大哥深入交谈后，我才知道认知有多重要。

日本"经营之神"稻盛和夫写了好几本书，但他的书里没有教读者一点管理方法，所有的内容都是鼓励大家一起干一件事。不管是他经营过的京瓷还是日航，在这些公司业绩较差的时候，他就干了一件事：带着大家开会，搞精神建设、文化建设，让所有人保持步调一致。而当他把团队的步调调整一致后，日航从一个马上破产的公司摇身一变，进入世界500强公司。京瓷也是如此。

在创业过程中，当你已经做到领导人阶段，那么你最大的任务就是平衡好大家的关系。除了要平衡领导关系，还要平衡员工的心理。

我很喜欢理查德·布兰森写的《商界裸奔》这本书，我在其中读到一句话，让我的认知有了彻底的提升。这句话就是：**作为一个企业家、一个领导者，陪下属聊天是你工作的一部分。**这句话真的说得太好了!

在创业过程中,我们大脑中的内容每天都在迭代,甚至每分钟都在迭代。当我们面对创业团队、合伙人的时候,他们看到的可能一直都是我们的后脑勺,根本看不到我们的脸,也不知道我们在干什么,这一定让他们感到很苦恼。

所以,在创业过程中,我们一定要学会慢下来,与团队成员保持高度同频。在带队过程中,最重要的一点就是对团队的陪伴。

现在我越来越意识到,在互联网时代,有一件事十分重要,它甚至胜过吃饭。这件事就是陪伴,陪伴大于吃饭。管理也是如此,**我们对下属成长的陪伴,大于我们为他们提供一口饭吃。**陪伴下属,其实帮助下属解决的是状态问题。如果不能陪伴他们,与他们的交流也仅仅局限在策略层面上,那么双方就可能会因为策略的不同而争吵。而优秀的领导者会通过上升到故事、上升到状态,来解决与员工间的问题,努力实现与员工同频。

很多企业大佬都是这样做的,他们会解决团队的状态问题,让团队的状态同频,再让大家的梦想同频。这时,你发现你根本不用去管理员工,他们遇到问题就会主动去找策略,大家也会拼命向前冲。可以说,当状态和故事两个层面的问题解决之后,你在任何时候都能找到创业的合伙人。**状态对了,任何人都能成为合伙人。**

当我们与其他人的状态一样时,我们与对方的同频度就越高。因为我们很难找到策略相同的人,从物理上讲,知识、策略、背景、见解等都要同频,这样你与团队成员之间才会认同彼此的策略。如果状态、故事上都能做到同频，就是策略不同也没关系，因为双方的目标是一致的。

我在 2021 年过生日的时候，有几千人给我发红包，线上几个城市的人也都给我过生日，线下学员还给我举办了一次盛大的生日会。其实在很多时候，我们要发挥自己的领导力，需要的不是别人的理解，而是别人的支持。当搞通这个逻辑后，你就知道什么是领导力了。**弱者才希望被理解，强者都会不约而同地获得别人的支持。**当一个人支持你时，他就不会跟你理论对错，因为他认为你说的都是对的。

如果你的领导人总是希望别人理解他，那么他根本不会当领导。当领导具备了被人支持的能力之后，就像拿破仑——世界上最有领导力的领导，他根本不需要别人来理解，只需要被别人支持。

可以说，我们要和团队成员在状态、故事上实现同频，最后再达成策略上的同频，这就是最好的领导力。利用这种方式，你才能带领自己的团队跑得更快，而不是自己跑得更快。这样，你的创业项目才能向着正向飞速发展。

慢下来，与团队保持同频

团队的成功与否，取决于成员之间的合作与思想契合程度

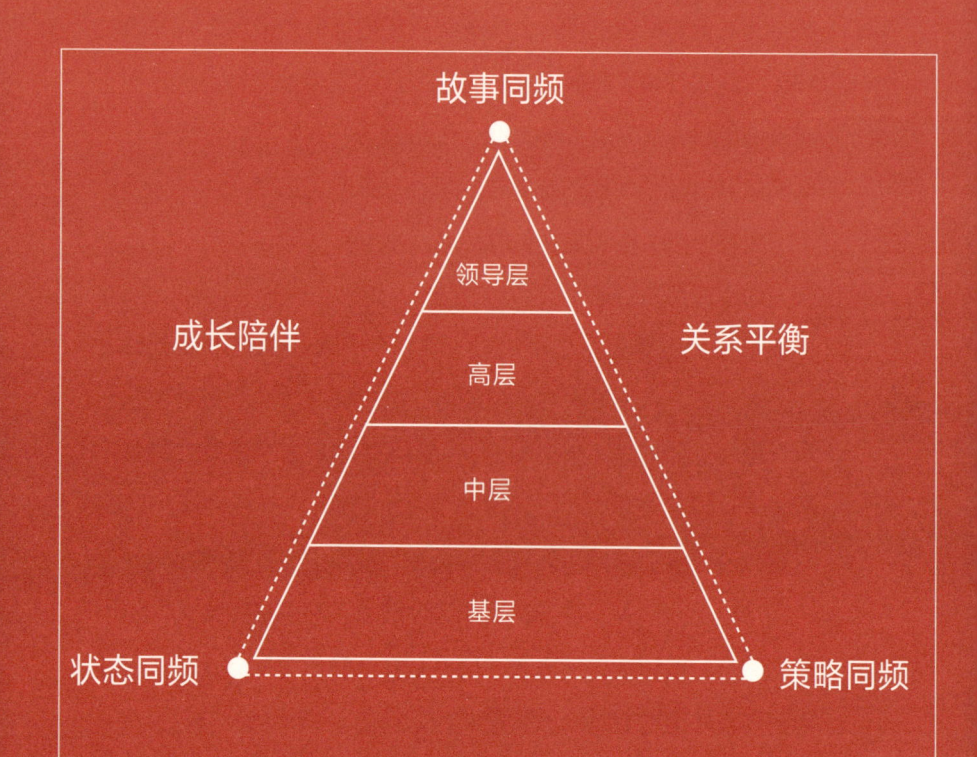

```
                    故事同频
                       ○
                      ╱ ╲
                     ╱   ╲
                    ╱ 领导层╲
                   ╱─────────╲
  成长陪伴        ╱   高层    ╲        关系平衡
                 ╱─────────────╲
                ╱     中层      ╲
               ╱─────────────────╲
              ╱       基层        ╲
             ○───────────────────○
         状态同频                  策略同频
```

在创业过程中，当你已经做到领导人阶段，那么你最大的任务就是平衡好大家的关系。除了要平衡领导关系，还要平衡员工的心理。

要和团队成员在状态、故事上实现同频，最后再达成策略上的同频，这就是最好的领导力。这样，你的创业项目才能向着正向飞速发展。

如何搞定领导

想领导所想,急领导所急,善于把事情做在前面,能够满足领导需求,你才能真正"搞定"领导。

在职场中,如果你不想混日子,还想更进一步,获得提拔和升迁,首先要做的就是搞定你的领导。你跟领导的关系处好了,才能以最快的速度获得更多的资源和更好的机会。

职场上一般有两个圈子,一个叫职位圈,一个叫核心圈。 如果你刚好处于核心圈当中,那么领导有什么喜好、身边有什么人、经常去什么地方、有哪些人脉资源等,你都能知道。但是,要跟领导搞好关系,这些信息你只能自己知道,绝对不能随便跟别人分享。

有一次,我和一位同事去参加一个朋友的聚会。聚会结束后,我跟这位朋友有点私事要谈,同事就在楼下一边等我,一边跟其他几个来参加聚会的老板的司机聊天。就在很短的时间内,他们老板有几辆车、车牌号多少、家住在哪里、做什么生意等,这些信息全都被司机告诉我的同事了。后来同事跟我说起这件事，我非常吃惊。这样的司机，老板怎么敢用呢？

想跟领导搞好关系，**首先，你要学会为领导保密，不能别人问你任何跟领导有关的信息，你都告诉人家。**

其次，你要把领导的一切事情都放在自己事情的前面。 领导交给你的事情，你要按时、按质、按量地完成。比如，你是领导的司机，那么你每天最重要的工作就是把领导的车提前准备好，既要让车保持清洁，还要让领导坐在车上能随时拿到水喝、能随时给手机充电、能随时扔掉手里的垃圾。并且车上还要有行车记录仪，哪天用车了，车是从哪里出发，到了哪里，走了多少公里，等等。把这些都记录下来，在恰当的时候让领导签字。这些工作其实与开车没有直接的关系，但当你把这些事情都做在前面时，领导就会看到你的用心。世界上有一个永远不变的规律，就是"人心都是肉长的"，只有你对领导付出真心，才能换来领导的真心。

再举个例子，领导从公司到家的路有三条：一条路是快的，另一条路是稳的，还有一条路是慢的。作为司机，你一般会带着领导走哪条路呢？

当领导有急事要处理时，肯定要走那条快的路，这时每分每秒都很珍贵。而你非常清楚走哪条路最快，就算这条路平时不走，路也不是很平，但关键时候却能发挥重要作用。

如果领导应酬时喝多了，或者遇到了问题不开心，这时就要走比较平稳的路。这条路上最好没有减速带，也没有坑坑洼洼，便于领导坐在车里很好地休息。

如果领导有些事情需要思考时，那就可以走慢一些的路，可以让领导有比较充足、安静的时间来思考问题。

所以，当领导遇到不同的情况，而你能为他选择不同的路的时候，领导一定会对你刮目相看，甚至认为你简直就是司机界的天花板了。这时，领导也一定离不开你。**不管做任何事，只要有能力做到行业天花板，你就可以超越同行业的其他人。**

此外，你还要善于寻找机会，满足领导的各种需求。比如，你有某项其他人不具备的优势或手艺，那么在领导需要的时候，你就可以脱颖而出，大显身手。这也可以给领导留下深刻的印象，让领导对你产生好感。

满足了以上几个条件，领导就会对你产生充分的信任，平时你也会有更多的机会接触到领导。这时，你再跟领导推心置腹，告诉领导，你在他身上学会了很多东西，这些东西顶得上你自己奋斗十年了。这会让领导更加高兴，也更愿意帮助你，给你指路。

对于任何人来说，**如果你身边没有好的机会，你要做的就是努力破圈；但如果你身边有机会出现时，你一定要抓住，并借助机会展现自己的价值，让更多优秀的人、厉害的人看到你的价值。**这样，你才有可能真正突破自己，让自己的人生更上一层楼。

如何搞定领导
想领导所想，急领导所急

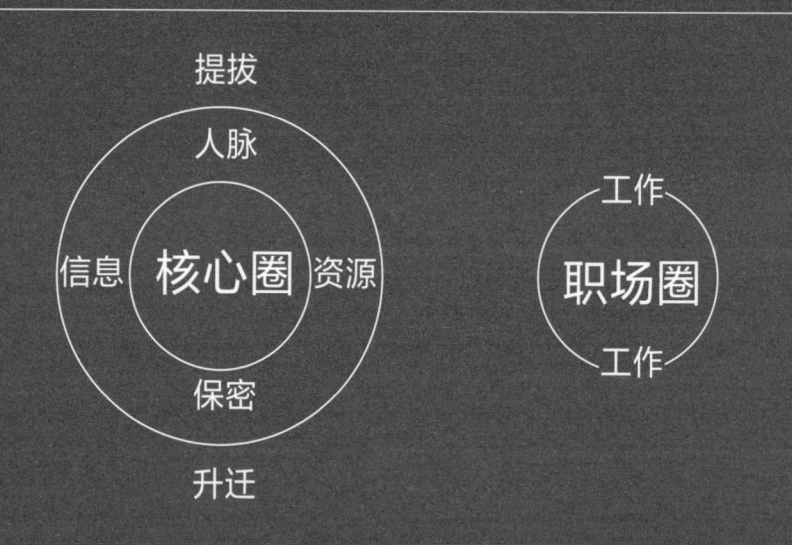

```
              提拔
            人脉
    信息  核心圈  资源         工作
            保密           职场圈
            升迁              工作
```

想跟领导搞好关系，首先，你要学会为领导保密，不能别人问你任何跟领导有关的信息，你都告诉人家。其次，你要把领导的一切事情都放在自己事情的前面。

如果你身边没有好的机会，你要做的就是努力破圈；但如果你身边有机会出现时，你一定要抓住，并借助机会展现自己的价值，让更多优秀的人、厉害的人看到你的价值。

创业者的两个致命领导力陷阱

领导者始终保持好奇心和学习力，比拥有高智商更重要。

失败有时比成功更能为企业带来机会。领导者应该以失败为契机，不断鼓励员工学习和成长。

多年来，我有幸向身边许多优秀的企业家和企业领袖学习，了解他们的一些很厉害甚至很伟大的特质。他们都非常聪明，也很有才华，可以带领企业走得很远。但同时，他们也会犯错，尽管这些错误有时可能是无意的，或者是出于好意。可这些错误却会让他们落入陷阱，既无法使他们成为超级领导者，也可能导致企业走向深渊。

根据我的经验，我认为中国的创业者或企业领导者们经常会陷入两个特别典型的陷阱中。

第一，创业者或企业领导者都太聪明，凡事喜欢大包大揽。

有人可能不解：聪明难道也有错？

聪明当然不是错，但过度聪明却可能给企业经营带来风险。

从智商、情商、好奇心等方面来说，中国的创业者和领导者都是非常优秀的。但在当今这个竞争激烈的世界里，这些领导者总觉得自己应该证明一下自己知道多少，这样才能证明自己是个负责的、能干的领导者。但对于企业员工来说，他们并不在意领导者知道什么，他们更在意的是领导关不关心他们，能不能聆听他们，能不能与他们进行高效沟通。

我在进行咨询工作时，也经常需要进行一对一的沟通。每次沟通时，我都会先问问对方：最近怎么样？家人还好吗？能给我讲讲你最近的收获吗？然后我才开始逐步转向工作内容，与对方深入沟通。

我为什么要这样做？

因为我们都是人，我们越能分享彼此的共同点，就越能与其他人展开合作。领导者更应该学会倾听团队的声音，并向团队中的所有人保持透明，这样才能拥有高效沟通的能力，也才能真正建立起自己在团队当中的领导力。

作为创业者和企业领导者，你还需要不断地向他人学习。尤其在当今这个瞬息万变的世界当中，新技术、新思想每天都在涌现，领导者必须不断向周围人学习并且适应，这样才能让自己更快速地成长，从而在关键信息和关键决策上做出最优的判断。如果领导者总是把关注点放在自己应该知道什么上面，其就会丧失与员工有效沟通、让自己成为有效领导者的机会。

最厉害的领导者，往往都拥有独特的智商和情商，但是我相信，**始终保持好奇心和学习力的领导者，比那些拥有高智商、高**

能力，独当一面的人更重要。因为领导者越聪明、越能干，就越容易在团队当中大包大揽，让团队失去力量。

第二，过度关注失败的结果，导致团队对失败过于恐惧。

失败应该是最好的团建机会，这句话请记住。虽然每个人都想成功，但我们总要去接受一些不符合期望的事情，接受一些很困难、很不舒服的事情。有些公司在某个阶段遇到了增长"瓶颈"，或者需要进行关键性创新的时候，很多领导者就会对团队施压，并且不断增加对后果压力的塑造。比如，告诉员工，这件事你完不成的话，就会造成什么样的后果。

领导者的这种做法就相当于给团队营造了一种破釜沉舟的情绪。他们认为，这样放大失败后果可以促使团队更有动力去解决问题，获得成功。殊不知，最后可能事与愿违，甚至产生相反的效果，让事情失去容错和试错的创新氛围，让团队失去真正敢于承担责任的人。更糟糕的是，这种做法还会给员工带来一种因为犯错而面临世界末日般的感受。这样的领导在员工眼里该是多么恐怖！而这种行为带来的直接后果就是，员工不愿意再跟公司共同推动未来的发展，也不愿意和公司一起承担风险，遇到问题也只想着如何逃避责任。

成功和失败都应该被平等地对待，这才是对员工最好的团建。员工成功当然可喜可贺，失败了也应该有机会获得奖励，因为员工的胆量可嘉。这样，员工才愿意把失败当成学习和调整的机会。

我钦佩的最有效率的领导者，会在企业中创造一种文化。在这种文化当中，员工可以不断被鼓励学习和成长，即使他们犯了错，从错误中总结出经验和教训，也可能获得奖励。这样的领导者才是最高明的，他们能够意识到，**失败有时比成功更有价值，因为它可以为企业寻找真正发展和进步的机会，可以激活真正的人才，从而孕育出企业未来的成功。**

在当今快节奏、高度竞争的市场环境中，不是所有企业都有能力承担失败的风险的。如果企业过度专注于短期利益和业务增长，尤其是一些中小企业和初创型企业，太迷恋表面的流量、业务数据和现金流情况，就无法停下来调整企业未来可能面临的风险和挑战，以至于一直让企业处于高风险的增长焦虑当中。但往往在这个时候，团队和企业是最容易失控的，也是最容易导致业务严重下滑的。

任何企业都必须保持最少两条腿走路，一条是稳定的业务，一条是增长的业务。如果在不断增长的业务上花费大量的时间和精力去进行创新突破，为员工个人成长和团队成长创造机会，就会令稳定的业务遭受挑战。在稳定的业务受到挑战时，企业就容易陷入无人可用的状态中，还可能直接导致团队的分崩离析，甚至是企业业务的直接死亡。

作为企业的领导者，你不要盲目跟风去追求短期利益，而是要坚持长期主义，让企业前行的步子慢一点、稳一点。当企业能够持续地创造个人能力和团队能力共同成长的氛围时，你就会发现，你的团队更加有灵感、有凝聚力、有承担力，也更容易在突围当中创造佳绩。

创业者的两个致命领导力陷阱
领导者始终保持好奇心和学习力，比拥有高智商更重要

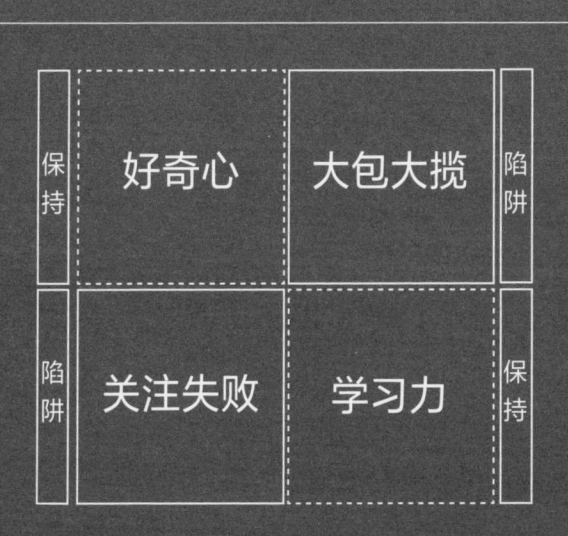

	保持			陷阱
		好奇心	大包大揽	
	陷阱	关注失败	学习力	保持

两个陷阱	第一，创业者或企业领导者都太聪明，凡事喜欢大包大揽。
	第二，过度关注失败的结果，导致团队对失败过于恐惧。

失败有时比成功更有价值，因为它可以为企业寻找真正发展和进步的机会，可以激活真正的人才，从而孕育出企业未来的成功。

企业领导者如何提升气场

领导者之所以有领导力,是因为他有气场。

真正的领导者,他拥有的权力一定来自大众内心深处对他的信服。而在这份信服之中,气场就起着关键作用。

你认为什么样的人气场更强大?

有人认为身材高大的人有气场,但身材瘦小的拿破仑却有令下属战栗、令对手胆寒的气场。

也有人认为穿着华丽的人有气场,但几年前火遍全国的流浪大师沈巍,虽然衣衫褴褛,举手投足间却散发出儒雅的气质,谈笑风生中更是展现出了渊博的知识。这也让他产生了强大的气场,因而一时被万人追捧,成为明星。

可见,气场与身材、穿着等并没有关系。真正有气场的人,首先具有发自内心深处的自信,这种自信并不会因为自己的贫穷、丑陋、身份低微而消失,它是根植于灵魂深处的。正如石油大王洛克菲勒先生曾经所说过的那样:即使有一天我身无分文,被丢弃在沙漠之中，只要有一个骆驼商队经过，我照样可以建立起一个商业帝国。这就是真正的自信。

另外，**一个拥有强大气场的人，一定是有丰富人生阅历的人，也在某种程度上突破了各种心灵上的限制，驱散了内心深处的各种恐惧、犹豫和彷徨。**事实上，凡是我们恐惧的，一定都在控制着我们。一个做事畏首畏尾的人，不可能拥有强大的气场。而那些世界顶尖人物与成功者都具有强大的气场，而且都是善于利用气场的高手，比如一些政治家、演说家等，一出场讲话，就会表现出不一样的气场。

每个人都有自己专属的气场，气场也有强弱之分。气场弱的人缺乏自信，内心也十分脆弱，做事缺乏激情，往往容易被外界环境影响和掌控。而气场强的人总是无比自信，拥有强大的内心，能够掌控自己和周围的环境。这种气场通常来自他们的自信、淡定、乐观、健康以及积极向上的态度。

一个人的气场通常是由沟通信号组成的，这种信号中包含了他的行为、他的处事风格等，比如你喜欢用什么语言来表达自己，你说话时喜欢用什么手势、什么眼神或者其他的肢体语言来表达情绪等。这就像武侠小说中的组合拳，灵活运用拳法，才能在不同的场合释放出不同的人格魅力，获得不同人的支持。

既然气场有这么重要的作用，那么企业领导者该如何修炼自己的气场呢？

我认为可以通过下面四点来进行修炼。

第一，要具备专注力。

许多大型企业的 CEO 都属于专注型沟通人物的代表，比如埃隆·马斯克、比尔·盖茨等，都是崇尚专业、极致平等工作氛围的总裁，与员工交流过程中也会体现出完全的尊重，所以也受到大家的爱戴。

专注是效率的灵魂。爱迪生就曾提出，**高效工作的第一要素就是专注，能够将自己的身心能量都锲而不舍地运用在同一个问题上，并且不感到厌倦。** 如果一个人能将他的时间和精力都用在一个方向或一个目标上，他就会成功。

有一位很厉害的企业家曾说过一句话："**集万力于一孔，这个世界上就没有做不到的事情。**"只要你集中所有力量做一件事，就没有做不成的。

被称为"寿司之神"的日本企业家小野二郎，在 25 岁时立志成为一名寿司师傅。从那以后，他一生都在研究这个技艺。而他做出来的寿司，食客每每吃下去，脸上都会洋溢着满足、欣喜，还有惊诧。小野二郎也曾说过："一旦你选定了职业，你必须全心投入工作当中；你必须热爱自己的工作，千万不要有怨言；你必须穷尽一生磨炼技能。这是成功的秘诀，也是让人敬重的关键。"

当一个人能够心无旁骛地专注于眼前的事物时，就可以更加深入地理解和感受，也可以散发出专注与从容的气场。

第二，要具有远见。

一个曾听过乔布斯演讲的朋友跟我说，他每次讲话都特别坚定，富有激情，让你的每一根神经都在呐喊。这就是有远见的人所具备的气场和力量。

有远见的人,不但有着坚定的梦想,即使遇到糟糕的问题,也总能描绘出美好的未来,并给出实现目标的路径。他们对身边的人要求很高,近乎严苛,身边跟他们一起做事的人可能不喜欢他们,但又愿意追随他们。因为在充满不确定性的世界里,人们更愿意追随那些意志坚定、目标明确的人。

第三,要具有亲和力。

亲和力是可以通过肢体沟通表达出来的,尤其是通过眼睛表达出来。一些从未被全身心接纳的人,在具有亲和力的人面前,总会感觉被发现、被接纳、被认同,因而也更愿意信任他们、追随他们,这就是亲和力的作用。

一些优秀的企业家之所以具有强大的影响力,也是因为他们具有亲和力,在与人沟通中展现出了极大的温情和完全的接纳态度。他们善于倾听,具有同理心,能够感受到别人的情绪变化,因此也知道如何沟通会让别人更舒服。遇到这样的人,哪怕是第一次见面,你都会感受到对方的亲切和关心,什么话也都愿意掏心窝子地跟他说。

在现实生活中,即使你没有响亮的头衔,也不善于描绘未来的蓝图,只要拥有亲和力,就足以让你拥有美好的人际关系,让你成为一个有人缘、有气场的人。

第四,要具有权威力。

当你需要展示自身的专业、特长或力量时,你就需要具备一定的权威力。

作为领导者,你在职场上可通过四点来树立自己的权威力:肢体语言、外表、头衔和他人的反应。如果你希望在员工面前有气场,能树立威信,就可以通过简洁干练的服饰、简短有力的语言等,来展现自己专业和具有领导力的一面。

如果一个人管理企业却没有强大的气场,是很难服众、很难做好管理的。**气场是一个人精神能量的外放,是一种隐形的能量,要自行修炼,必须是发于内形于外,由内而外散发出来的。**因此,气场是领导力的重要组成部分。

企业领导者如何提升气场

领导者之所以有领导力，是因为他有气场

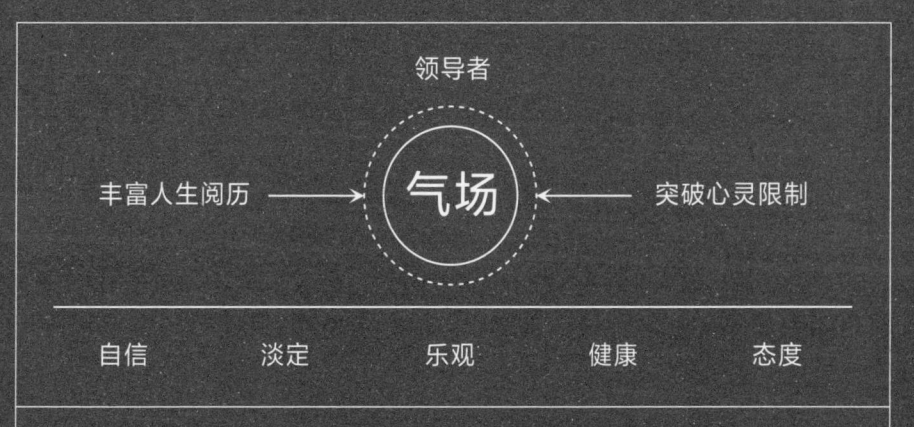

领导者

丰富人生阅历 → 气场 ← 突破心灵限制

自信　　淡定　　乐观　　健康　　态度

第一，要具备专注力

高效工作的第一要素就是专注，能够将自己的身心能量都锲而不舍地运用在同一个问题上，并且不感到厌倦。

第二，要具有远见

做事具有远见的人，不但有着坚定的梦想，即使遇到糟糕的问题，也总能描绘出美好的未来，并给出实现目标的路径。

第三，要具有亲和力

一些优秀的企业家之所以具有强大的影响力也是因为他们具有亲和力，在与人沟通中展现出了极大的温情和完全的接纳态度。

第四，要具有权威力

作为领导者，你在职场上可通过四点来树立自己的权威力：肢体语言、外表、头衔和他人的反应。

气场是一个人精神能量的外放，是一种隐形的能量，要自行修炼，必须是发于内形于外，由内而外散发出来的气场。这才是一个领导者真实不虚的气场。

领导者如何修炼掌控力

掌控力是领导者把握中心、驾驭全局的重要体现。

有掌控力的领导，看待事物才能更高、更远，面对问题也能抓住主要矛盾，做出的决策也更有利于企业的成长与发展。

在过去的几年里，我和团队调研了数千家创业型企业，见证了不少企业要么没有完成最初的使命，要么被迫卖掉，或者直接关闭。而导致这些结果的一个重要原因，就是企业领导者失去了对企业的掌控力。

一般来说，企业领导者的掌控力主要体现在四个方面：

第一，领导者必须把握企业的战略方向。

任何一个企业的领导者都有三件重要的事情要做，这三件事就是帮助企业找方向、找人才和找资金，并且这三者的顺序不能错。企业的方向正确、团队优秀，资金会主动找上来。所以，很多大企业的战略方向都是由领导人亲自决策和拍板的，这也是企业领导者要做的第一件重要的事。

第二，领导者对企业核心团队具有明确的掌控力，比如股权、投票权以及人事任免权等。

2019年，一位身价千亿美元的企业创始人在一个机构讲课时，有领导者学员问他："您觉得核心团队有几个人合适？"这位身价千亿美元的企业领导是这样回答的："我认为公司核心的高管，包括领导者本人在内，最多只能有三个。"

曾经有一个创业公司，在C轮融资以后，企业创始人本人的股份只有18%，另三个联合创始人的股份加起来超过了18%。于是，三个联合创始人就联名向董事会申请，要把原始创始人换掉，最后董事会同意了。而这三个联合创始人当了领导后，他们彼此之间又互相争权夺利。在这个过程中，竞争者趁机入侵，结果公司破产。

这就是一个典型的领导者失去掌控力造成恶果的案例。如果你不想自己的公司步入这样的后尘，那就一定要对你的企业核心团队具有绝对的掌控力。

第三，企业文化和思想工作必须由领导者或创始人本人来做。

创业企业的价值观往往是领导者本人价值观的折射，在塑造企业的组织文化当中，企业创始人和领导者在企业价值观塑造方面的作用是无可替代的。一旦涉及违反企业价值观的事情，必须果断处理。

第四，创业公司的早期融资需要企业领导者亲自去做。

企业领导者是最了解自己企业业务、企业价值观及未来战略方向的人。虽然后期可能会把这一切交给专业团队去做，但在创业早期,领导者对融资的参与是必不可少的。

以上四点,企业领导者都必须亲力亲为,这样才能对企业形成有效的掌控力。与此同时,企业领导者也要避免自己陷入掌控力的误区当中。

首先,企业创始人不要轻易承诺让别人接班。

我曾经遇到一个企业领导,据说他曾经向三个核心团队成员口头承诺过,等他干三年就不干了,让他们三个人轮番当董事长。结果那三个与他年纪相仿的合伙人都认为自己要当老大了,于是联手将他踢出局。

可见,企业创始人一定不要轻易向合伙人或员工承诺将来怎么样,更不能做出相互矛盾的承诺,否则可能会给自己和企业带来灾难。

企业领导者一定要记住,**在核心团队的合作伙伴上面,可以给他们希望,但不要给他们欲望**。因为当一个人的欲望燃烧起来时,他是会丧失人性的,甚至会突破自己的理性思维。当一个人变得不够聪明时,他就开始犯错了。

其次,当领导者发现核心团队里有人拉帮结派时,一定要尽早处理,否则就会有巨大的潜在危险。

此前有一个反面案例,企业CTO(首席技术官)和销售人员拉帮结派,领导者知道后,认为这构不成什么威胁,就没干涉。结果后来一出事,领导者要对CTO收权的时候,之前拉帮结派的几个人便联合起来,出去自立门户了,企业资源也都被掏空了。

一个企业可以有山头,但这个山头必须是企业的创始人或直接领导者。旁人可以围绕创始人或直接领导者形成山头。除此之外，绝对不能有第二个山头。只要出现第二个山头的苗头，必须马上除掉，不要有任何侥幸心理。

再次，企业成立时，不要平分股权或三分天下，这会导致企业先天性不足。

如果一个企业有四个创始人平分股权，那么创始人自己就等于只占了25%的股权。这时，企业一旦遇到经营问题，或者需要做出重大决策的时候，总要去征求所有人的意见，那么企业肯定会遭遇危机。大家要记住：**谋只能是寡，干可以是众。**

商场如战场，市场信息瞬息万变。如果企业领导者做决策时总要经过民主讨论，那等你做出决策时，市场机会早就丧失了。

我有一位英国朋友给我讲过一个故事。他在国外的时候，曾经很荣幸地担任了他所在地区的议员。他跟我说，自己在担任议员期间最大的"收获"，就是准备在街上建一个过街天桥，而有一部分人提出了反对意见。于是，他们据此展开了讨论，这一讨论就是三年。试想一下，这是多么低效的一件事。

一些国外企业虽然声称决策民主，但其实在真正做决策，尤其是一些重大的方向性决策时，仍然会由企业领导者亲自来做。比如，苹果公司的创始人乔布斯，很多人说他独断专行，这也是他人格当中非常重要的一个特质。但正因为他的独断专行，才成就了苹果公司今天的辉煌。

领导者的独断专行比很多普通人多年的思考结果更有效。 作为领导者，你可以征求核心团队的意见，但最终拍板的决策人，必须是你本人。

当然，每个人的精力都是有限的，企业领导者的主要工作原则应该是抓大放小，一些细节性的业务可以交给下属去做。这样才能既保持目标行动的一致性，又能保持创新的活力。

又次，企业创始人或领导者需要保持对资本等外部参与者的掌控。

企业早期融资时，企业创始人和领导者必须亲自参与，因为他们是对企业现状、目标等最了解的人，在与资本的谈判过程中，也可以判断好坏，避免引狼入室。而且，领导者还需要了解资本选择与自己的调性，以及与企业战略是否相匹配等。创业本就是一件很难的事，最起码要选择能帮忙而不是给企业添乱的资本。在互相了解和彼此尊重的前提下，再与资本约定好各种规则。

最后，我还要提醒企业领导者的是，在与资本签订投资协议时，一定要注意两个字："对赌"。只要有这两个字存在，就意味着你需要付出一定代价。所以，我经常把对赌称为有代价的交换。还有，如果协议条款中写有"遵守此条款时，参照另一条款"等字样，那么这两个条款都有可能会对你构成一定的威胁，因为这涉及了一些逻辑上的游戏规则。

总而言之，企业的创始人、领导者需要在战略方向、企业价值观、核心团队和早期融资等方面，对企业形成绝对的掌控力，这是企业未来发展的基石。凡事都会产生结果，想要给企业带来好的结果，领导者对公司的掌控力就必须绝对稳固才行。

领导者如何修炼掌控力
掌控力是领导者把握中心、驾驭全局的重要体现

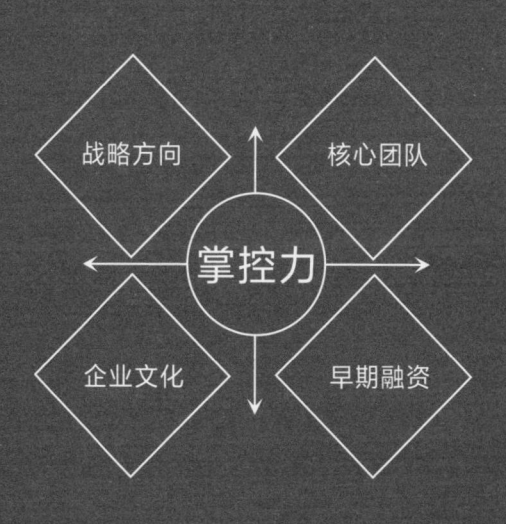

```
        战略方向         核心团队
              ↑
         ← 掌控力 →
              ↓
        企业文化         早期融资
```

掌控体现四个方面

第一，领导者必须把握企业的战略方向。

第二，领导者对企业核心团队具有明确的掌控力，比如股权、投票权以及人事任免权等。

第三，企业文化和思想工作必须由领导者或创始人本人来做。

第四，创业公司的早期融资需要企业领导者亲自去做。

复盘时刻

1. 如果领导者无法做到身体力行，只要求员工去做，那只能称为管理者，而非领导者。

2. 能够帮助员工找到他们的使命、实现他们使命的领导者，才是员工生命中的贵人。

3. 厉害的人知道简单的事情才重要，而普通人认为复杂的事情才重要。

4. 作为领导者，成功就取决于在重要的时间做重要的事，而不是做很多的事。

5. 我们最先找的应该是那些喜欢我们的人，大家一见面就感到很开心，也愿意一起做一些事情，这样的人才能一起创业。

REPLAY

6　一个企业最大的成本是创新，一个人最大的成本也是创新。

7　弱者才希望被理解，强者都会不约而同地获得别人的支持。

8　职场上一般有两个圈子，一个叫职位圈，一个叫核心圈。

9　不管做任何事，只要有能力做到行业天花板，你就可以超越同行业的其他人。

10　始终保持好奇心和学习力的领导者，比那些拥有高智商、高能力，独当一面的人更重要。

© 民主与建设出版社，2023

图书在版编目（CIP）数据

出手：高手出手就是定局 / 恒洋著. -- 北京：民主与建设出版社，2023.12（2024.7重印）
ISBN 978-7-5139-4430-4

Ⅰ.①出… Ⅱ.①恒… Ⅲ.①成功心理—通俗读物 Ⅳ.①B848.4-49

中国国家版本馆CIP数据核字（2023）第219728号

出手：高手出手就是定局
CHUSHOU GAOSHOU CHUSHOU JIUSHI DINGJU

著　　者	恒　洋
责任编辑	郭丽芳　周　艺
版式设计	刘龄蔓
出版发行	民主与建设出版社有限责任公司
电　　话	（010）59417749　59417748
社　　址	北京市海淀区西三环中路10号望海楼E座7层
邮　　编	100142
印　　刷	北京盛通印刷股份有限公司
版　　次	2023年12月第1版
印　　次	2024年7月第3次印刷
开　　本	880mm×1230mm　1/32
印　　张	9
字　　数	192千字
书　　号	ISBN 978-7-5139-4430-4
定　　价	68.00元

注：如有印、装质量问题，请与出版社联系。